空気はいかに「価値化」されるべきか

「かけがえのなさ」の哲学　東大リベラルアーツ講義

東京大学東アジア藝文書院［編］

東京大学出版会

Valuing Air:
For the Philosophy of "Irreplaceability":
Liberal Arts Lectures at the University of Tokyo

East Asian Academy for New Liberal Arts, the University of Tokyo, editor

University of Tokyo Press, 2025
ISBN 978-4-13-063384-0

まえがき

石井　剛（東京大学東アジア藝文書院院長）

本書のタイトル『空気はいかに「価値化」されるべきか』をご覧になって、読者の皆さんはどのように感じたでしょうか。空気の価値は自明だと思う人と、空気に価値を与えるべきだと考える人とでは、「価値」に対する定義のしかたが異なっているかもしれません。また、「空気」と言っても、物質としての気体を指す場合もあれば、「空気を読む」のように、その場の雰囲気を喩えて言う場合もあります。「空気の価値化」という命題は、これだけ取り出すと、茫洋としてつかみどころのないもののように感じられます。

本書に収められているのは、東京大学教養学部で二〇二三年度春学期に行われたオムニバス講義「三〇年後の世界へ――空気はいかに価値化されるべきか」の講義録です。この講義を主宰しているわたしたち東京大学東アジア藝文書院は、東京大学がダイキン工業株式会社との間で締結している産学協創協定の資金を得ることで運営が成り立っています。このように説明すると、「空気の価値化」という命題の輪郭が急に霧が晴れるようにはっきりと見えてくると感じる方もいらっしゃるでしょう。ダイキンは世界トップの空調メーカーです。したがってこの命題は、要するにエアコンを使って空気により高い付加価値をつけようという話にちがいないというわけです。

確かにそうした一面もありますが、この命題にはそこにとどまらない奥行きがあります。わたしたちは、その奥行きを明らかにすることによって、産業と学問が手を携えて人類共通の課題の解決に向けた重要な役割を果たしうることを具体的に示したいと思っています。本書はそのためのいわばマニフェストです。

しかし、空気に付加価値をつけるとはいったいいかなることなのでしょうか。人の生命にとって空気の重要性は明らかです。人間ばかりではありません。地球上に住む生物は、ごく一部の例外を除けば、空気なしに生命を維持することはできないはずです。空気は万物の生存を根源的に規定している、もしくは、空気は存在論的なレベルで生命を物理的に基礎づけているとすら言えそうです。そもそも空気が生命の存在を基礎づける物質である以上、その価値はあまりにも自明です。本書のサブタイトルに「かけがえのなさ」とあるとおりです。空気のかけがえがなくプライスレスな価値を否定する人はいないでしょう。その空気に敢えて付加価値を賦与しようとする試みは、本来この上なくたいせつであるが故に無価値のまま平等に享受していたはずの空気を、価格の基準に応じて等級化し、相応の代価を支払える人とそうでない人を区分することにつながります。それぞれ異なるが故にかけがえのない人と万物の個々の存在には、そうして価値の優劣がつけられていきます。

今日では、気候の温暖化に代表される全世界的な気候変動が、人類のみならず、地球に棲息する多くの生命にとって危機的な影響をもたらしつつあります。その原因は産業革命以降の人類活動によるものですから、迫り来るより大きな危機を回避し、ひいては危機そのものを克服するためには、人類活動のありかたそのものを転換しなければなりません。産業革命以降の人類活動を特徴づけているのは、資本主義的な経済活動です。「価値」ということばからわたしたちがまず想像するのは、資本主義システムの中でモノやサービスを交換可能にするための指標としての価値（あるいは価格）であり、それは「かけがえのない」プライスレスな空気の〈価値〉とは自ずと異なっています。では、この資本主義的な価値システムの中で、空気を保全するために、わたしたちはどのような経済活動を営むべきでしょうか。そう問うたとき、「価値」ではなく「価値化」こそが問題であるということにわたしたちは気づきます。プライスレスな〈価値〉すらも、何らかの指標によって価値化していかないことには、空気を保全していくことはもはや不可能なのではないか、しかしそれでは、資本主義というシステムの弊害に目を瞑ることに等しいのではないか――。こう考えると、単に何らかの指標を新たに設定することによって空気を価値化するだけではなく、いったいわたしたちがどのような「価値」にいかなる「価値」を与えようとするのか、というところにまで立ち返って考えてみる必要がありそうです。少なくとも、学問と思想の領域では、産業界が自明と見なす価値の意味づけとは異なった次元で、「価値」なる概念それ自体を問い直すことが必要なはずですし、それによって産業界における価値にも新たな意味が賦与されていくはずです。

経済的な価値はすなわち交換価値ですが、その外側にあるプライスレスな〈価値〉を指標化する可能性の一つに「社会的共通資本」という考え方があります。空気の存在論的根源性に思い至るとき、その価値としてはまず社会的共通資本としての価値を想定することができそうです。「コモンズ」としての価値と言ってもよいかも知れません。

ところで、交換は資本主義や近代社会に特有なのではなく、人間の活動にはつねに何らかの交換がつきまとっています。つまり、交換によって媒介される人間活動は交換価値に先立って存在しているのです。人間の行為に交換がつきまとっているということは、人間が関係性によって成り立つ動物だということを示しています。人が空気なしに生きられないとは、物質としての空気への依存のみを意味するのではなく、人の関係性を成立させるための〈場〉こそが生きていくためには不可欠だという意味でもあります。空気をよくしていくことは、関係性を生み出したり、促進したりすることでもあり、関係性をすべて交換価値に還元できるわけではありません。

こう考えると、「空気の価値化」とは、物質であると同時に多様な関係を取り結ぶ〈場〉としての機能をも有する空気に独自の価値を見出そうとする創造的試みだということになります。空気の「価値化」は、価値概念の変容をもたらし、それは人間に対する理解のありようを変容させることにつながります。関係性は人と人のみならず、自然の万物や超越との関係性を含みますし、今日の技術社会では、関係性の〈場〉には物理空間のみならずサイバー空間までが含まれるでしょう。

気候変動の影響をできるだけ抑えるために、日本を含む多くの国々が、二〇五〇年までのカーボン・ニュートラル（温室効果ガスの排出量を実質的にゼロにすること）実現を目標に掲げています。しかしこの目標が人のよりよき生を顧みることのないままに目指されることになれば、二〇五〇年にわたしたちが見出すのはディストピアの光景であるかもしれません。「空気はいかに「価値化」されるべきか」という問いは、価値概念の見直しから始めて、万物のよりよき共生関係を可能にする社会経済システムを考えるプロジェクトなのです。

このプロジェクトは、ダイキンと東大による産学連携として進められています。共通の大きな危機を前にして、社会変革のための智慧を育もうとする試みを、企業と大学が共同で取り組むことには自ずと大きな意味があります。わたしたちのこのプロジェクトは、産業とアカデミアの新しい関係を、実践しながら世の人々に示す取り組みでもあります。登壇者の専門領域は、哲学、経済学、文化人類学、物理学、美術史学、建築学、情報工学、歴史社会学など、文系から理系までの多岐にわたり、それぞれの分野で最先端の研究を牽引する方々に集まっていただきました。また、ダイキン―東大産学連携の締結を導いた前東大総長の五神真さんや、ＩＭＦや世界銀行で活躍し、今日では環境問題をめぐる全地球的な国際協力の最前線で活躍する石井菜穂子さん、さらには、ダイキンで空気の価値化を担っている香川謙吉さんなどにもお話しいただくことで、講義の場は産学双方を大きく跨ぐ広角的な視座によって支えられることができました。

本書に収録されているのは、各回講義の内容を登壇者の皆さんに書き直してもらった論考ですが、少しご覧いただければわかるように、それらの中には、教室でのＱ＆Ａが収められています。「空気の価値化」という、既存のディシプリンには収まらない挑戦的な課題は、専門家だけではなく、参加するすべての人たちの議論によって深められていかねばなりません。質問者には東大で学ぶ学生さんだけでなく、ダイキン社員の皆さんもいます。学生と社会人が、人類共通の喫緊の課題を考える講義にいっしょに参加して、登壇者と共に根源的な問いを立てながら、共に成長していくことの中から、新たな価値は生まれてくるでしょうし、こうした取り組み自体の中から、新しい社会の新しい学問が育って行くにちがいありません。

本書は三部構成で、終講までを含めると全一〇の講義からなります。各回講義をテーマごとに整理した結果がこのような構成になりましたが、もとより各回は独立していますので、目次をざっとご覧になって気になった講義から読んでいただければ、それぞれに新たな発見があるはずです。中には真っ向から対立する主張も含まれており、「空気の価値化」というテーマが醸し出すテンションの高さを如実に物語っています。この点にもぜひ注目しながら、わたしたちがいま置かれている危機の深さと、そうであるが故の徹底した学問的議論の必要性を再確認していただければ幸いです。

残念ながら、安田洋祐さん（大阪大学）と小川さやかさん（立命館大学）の講義については、本書に収録することができませんでした。それでも当日の講義の模様は、東京大学の授業を録画してインターネット上に無料公開しているＵＴｏｋｙｏ ＯＣＷというプラットフォームで視聴することができます。本書収録のすべての講義が同様に視聴可能ですので、どうぞ併せてご覧ください。先に触れた「社会共通資本」は経済学者の宇沢弘文（一九二八―二〇一四）が提唱した概念ですが、ゲーム理論としての経済学を専門とする安田さんは宇沢の理論を受けながら、社会の人々が空気を自発的に守りつつも「コモンズの悲劇」を回避しうる経済システム（「シン・コモンズ」）の可能性について論じ、その具体例として、ＤＡＯ（Decentralized Autonomous Organization, 分散型自律組織）という考え方を紹介してくださいました。タンザニアを主なフィールドとする文化人類学者の小川さんは、関係の〈場〉を成り立たせている交換は貨幣を媒介とする財やサービスの互酬的交換だけではなく、時間の「ため」をつくり出すことによって生まれる「生き延びるチャンス」の贈与交換でもあり、そうした贈与交換の連鎖が「わたしたちに共通の船」としての空気を醸しているのだという話をしてくださいました。

本書の編集は、前作『裂け目に世界をひらく』と同様に、中野弘喜さんが担当してくださいました。

目次の構成も、「かけがえのなさの哲学」というフレーズも中野さんの発案です。「空気の価値化」という新しいチャレンジを共に引き受けてくれている中野さんにこの場で感謝します。

わたしたちの講義は、登壇者と受講者の皆さんによって成り立っているだけではなく、多くのスタッフのサポートによって成り立っています。EAAスタッフの皆さん、EAAリサーチ・アシスタントの皆さん、UTokyo OCWの皆さんにも感謝したいと思います。また、EAAの事業理念を理解して運営資金を提供してくださっているダイキン工業株式会社と潮田洋一郎さんに対しても、感謝の意を表したく存じます。

そして、講義は教室を出て、こうして活字になり広がっていきます。「空気はいかに「価値化」されるべきか」という問いを共有しながら、この問いからひらかれる関係の〈場〉に参加してくださる読者の皆さんにも、本書と共に感謝をお届けしたいと思います。

ここから「空気の学問」が始まることを期待しつつ。

CONTENT

II 「価値化」が創出する新しい価値観

III 空気の社会・経済的価値

I

空気と共に生きる

第1講

花する空気

中島隆博

なかじま・たかひろ●東京大学東洋文化研究所所長。一九六四年生まれ。中国哲学、日本哲学、世界哲学。東京大学法学部卒業。東京大学大学院人文科学研究科博士課程中途退学。博士（学術）。著書に、『日本の近代思想を読みなおす1　哲学』（東京大学出版会）、『中国哲学史——諸子百家から朱子学、現代の新儒家まで』（中央公論新社）など多数。

価値と価値化

今回は「三〇年後の世界へ――空気はいかに価値化されるべきか」というなかなか難しいテーマです。しかも、それに私は「花する空気」という何かぎこちない言葉でタイトルをつけてみました。ここからどういうことが考えられるのでしょうか。

まずは「空気の価値化」について考えてみます。この言葉には、空気という今まで価値のなかったものをある視点で価値化していくという含意があります。もちろん、空気に価値がなかったわけではありません。空気がないと私たちは一瞬たりとも生きていけないのですから、空気は私たちの生存の条件として必要不可欠なもの、最も価値のあるもののひとつです。では、その価値あるものをあらためて価値化するとはどういうことでしょうか。

皆さんの中には経済学を学ぼうという方もいるかもしれません。数年前に、経済学を研究している先生に、価値について尋ねたことがあります。その答えは、市場で取引される価格のことだというものでした。価値は市場の価格に変形されているのです。

私が学生の時には、東京大学でも近代経済学だけではなくマルクス経済学の授業がありました。マルクスは労働価値説を踏まえて、最終的には、価値の根拠を人間の労働に置きました。その労働がいったい何時間行われたのかによって価値が決まる。これは価値を労働に変形する議論ですが、労働以上に適切な指標が見出せなかったのでしょう。

でも、今はどうでしょう。皆さんは労働で何をイメージされるでしょうか。マルクスが直面していた社会における労働は、産業革命が起きて、工場で多くの人が働くことをモデルにしていました。労働の時間量で生産量が決まりますので、わかりやすいといえばわかりやすいですね。しかし、皆さんが直面している社会での労働は、そういうモデルにだけ還元されることはありません。

たとえばクリエイティブな仕事を考えてみましょう。それは工場でのマニュアル化された労働とはずいぶん違います。時間に関しても、単純に時間を積み上げていけばクリエイティブなものができるわけでもありません。ある種の創発的な瞬間に新しいものが生じてくるのがクリエイティブなことで、時間量からは独立しています。マルクスに代表される労働価値説では説明がつきません。

では、主流派の経済学者が言うように、市場で取引される時の価格、つまり例の需要と供給の曲線の交点によって説明できるのでしょうか。クリエイティブな仕事の結果、たとえば美術品が創作されるとします。美術品は物によっては、市場ですごい価格がつきます。ではその価格がその価値を示しているのでしょうか。何か違う気がしませんか。価値には、市場での取引に還元されない地平がありそうです。

しかも私たちがここで問うているのは、価値化です。ある種のダイナミックで、変容していくプロセスを価値の地平に見ようというのです。そこにおいて空気をどう概念化するのかが問われているのです。

ノン・ヒューマンとの関係

とあるところで、貧困の定義が問題になりました。よく言われるのはお金がないとか、お金が不足していることが貧困だというものです。あるいは、衣食住が足りない、教育が足りない、仕事が足りないことも指標にあがるかもしれません。しかし、それは所有の不足ですから、先ほど申し上げた、市場で価値が価格に転用されるのとあまり変わりません。ところが、今の貧困研究の最前線での貧困の定義は、社会関係資本の不足だと言われているのです。

社会関係資本とは、単純化して言えば、人と人とが社会的なつながりを持っていることです。それは市場において売買されるものではありませんね。たとえ巨万の富を有している人でも、社会関係資本を有していなければ、決して豊かではなく貧しいのです。

このことを念頭に置くと、価値もまた、労働でも市場でも、さらには所有でもない、人間の社会関係に関わる可能性が出てきます。それは、価値を、独立した何らかの本質として、商品なら商品に、物なら物に内在しているというモデルでは考えないということです。逆に、相互に依存しあう、何らかの動的な関係性において、はじめてある物が価値を帯びてくる、つまり価値化されていくプロセスを考えるということです。

これを「空気の価値化」というテーマに当てはめますと、空気を媒介としてあるタイプの関係が豊かになることが、「空気の価値化」にふさわしいのだと思います。関係は人間の間に限られるわけではなく、あらゆる生物、さらに広げてノン・ヒューマン（もしくはモア・ザン・ヒューマン）にまで及びます。今日、環境問題や生態系問題といった概念で、人間が外部に及ぼす影響が問題になっています。それまでは外部はたんに搾取の対象や廃棄の場所にすぎなかったのですが、今ではそれを何とかしないと人間自体の生存が危うくなるし、人間の関与がきわめて大きいことが明らかになってしまったわけです。

人間の人間以外のものに対する態度、たとえば食用にしている動物に対する態度を考えてみましょう。現実は、残酷という言葉のイメージをはるかに超えて残酷です。食肉工場では、大量に安く消費するためだけに鶏や豚、牛の肉が「生産」されています。あらゆる宗教や文化がかつて食べることに対して有していた畏怖や慎みはここにはありません。こうした決して倫理的とはいえない関係を、人間は人間以外の生物に対して押し付けています。それが人間の中に折り返されるとどうなるでしょうか。「新しい奴隷制」を論じている人もいますが、現代社会の格差の根底には、こうした不公正な関係が厳然とあるのです。

ソーシャル・イマジナリーという、チャールズ・テイラーの言葉があります。「社会的想像」と訳したりしますが、社会をどう私たちが構想しているのかを問題にしたものです。その中に、人間とそれ以外の生物の不公正な関係を是認する想像が入り込んでいるわけです。同じように、人間の間の格差を是認する想像も入り込んでいます。そうした社会的想像を根本的に改めなければならない、と強く思います。

人間の再定義

そのためにはまず何から始めたらいいのか。私が今考えているのは、人間中心主義を問い直し、人間自体を再定義することです。人間中心主義にはかなり長い歴史があります。近代とともに、神が中心から退き、その穴を人間が埋めていきました。神のごとき力を持った人間ですね。それがどんどん競り上がり、人道に対する罪のみならず、ノン・ヒューマンにも過剰な残酷さをもたらしたのです。

こうした近代において発明された人間という概念をどう見直すのか。英語で人間のことをHuman Beingと言います。人間存在ですね。しかし、存在という言葉は、もともとは神に用いられて、神が存在の中の存在、あるいは存在を生み出す存在と捉えられてきました。「存在神学」という概念がありますが、そのくびきから逃れられないのです。その代わりに、Human Co-becoming 他者と共に人間的になりゆくあり方として、人間を捉えてみたらどうでしょうか。社会関係資本がそうであったように、人間のあり方が最初から自分に閉じたものではまったくなくて、他者との関係の中ではじめて可能になってくるようなものですね。しかも、そのあり方は、存在につきまとう本質から逃れて、常に変容していきます。

その変容を、人間的な方向に向けるにはどうしたらよいのか。実は、人間はどんな方向にも変わっていきます。その際大事なことは、誰か別な人、他者と共に変容することです。それは、友達であったり、メンターであったりします。そういった人たちと対話をすることで、ある種の flowering と言ってもいいし、flourishingと言ってもいいのですが、何か花開くような、繁栄するようなあり方が見えてくるのです。

望む力

ここで注意したいのは、何らかの能力がもともとあってそれが開花していくというイメージを持たないことです。私は、能力だけを基準に人間を評価していくやり方はそろそろ考え直した方がいいと思っています。なぜかというと、「できる」ことの延長線上にはそれほど大きな変容はおそらく生じないからです。ほんとうに人間が変容していく時は、「できる」とは違う何か、たとえば「望む」という言葉が適切になります。あなたは何を望むのですか。何ができるかではなく、何を望むのですか。そのように問うところから変容が生じてくるのです。

かつて唐の時代の中国で、禅という新しい仏教運動が生じました。禅のお坊さんは何をしているのか。その人たちはあちこち旅をして、自分にふさわしいメンターを見つけようとします。「ふさわしい」というのは、有名な禅僧であればよいわけではない、ということです。時が合わなければ、高僧であっても、自分にはふさわしくないのです。そうすると、また別な禅僧のもとに行く。これを繰り返して、ついにふさわしいメンターに出会ってはじめて、「悟り」という全然別のステージに達する変容が生じるわけです。

ところで「悟り」は「できる」の延長線上にはありません。「できる」を捨て去り、望み続けて突然得られる経験なのです。私は、皆さんのような若い人に、それに近い経験をしていただきたいと思っています。もちろん、現代の「悟り」がどういうものかはなかなか定義が難しいところがあります。それでも自分が普段見ている風景と全然違う風景を見ることを望んでもよいのではないでしょうか。それによって、先ほど申し上げた社会的想像を突破し、別のそれを持つことができるはずです。

「花する」

さて、私は「花する空気」とタイトルにつけました。この「花する」には出典があって、もともとは井筒俊彦の言葉です。井筒はイスラーム、特に神秘主義哲学を研究していました。イブン・アラビーに触れながら、次のように述べています。

このメタ言語では「花が存在する」とは申しませんで、日本語としては妙な表現になりますが、「存在が花する」とか、「ここで存在が花している」とかいうような形でなければならないのであります。とにかく、この哲学的メタ言語では、あらゆる場合に存在が、そして存在だけが主語になるべきであります。他のあらゆるものはすべて述語です。このように理解された「存在」、つまり絶対無限定な存在そのものを頂点において、その自己限定、自己分節の形として存在者の世界が展開する。イブン・アラビーの哲学的世界像を最大限に単純化して考えますと、だいたいこのような形になると思います。

（井筒俊彦「イスラーム哲学の原像」『井筒俊彦全集』第五巻、

慶應義塾大学出版会、二〇一四年、四九五―四九六頁）

井筒は存在という概念に貫かれた人です。そのために主語になるのは存在だけだと断定します。私自身はそれには賛成できません。それでも、「存在が花する」と述べた一節には心惹かれます。というのも、それは存在が花という個物の姿をとって顕現する、つまり生成変化の出来事として理解できるからです。「花する」には何か決定的な、新しい出来事性があります。

では、存在に代えて、別の主語を置いてみればどうでしょうか。古来、世界を構成する四元素や五元素が考えられてきました。そのなかに、空気が含まれる場合があります。その根本エレメントとしての空気が「花する」と考えてみれば、何が起きるのでしょうか。

コモンズ

このコロナ禍でわれわれは、清潔な空気に高い価値を置くようになりました。人によっては、それを空気のエヴィアン化と言ったりします。エヴィアンはご存知の通りフランスのミネラルウオーターで、市場で一定の価格を維持しているものです。その方向で空気の価値化を考えることもできるかもしれません。購買力のある人だけが、質の高いエアコンディショナーを使って、きれいな空気を吸う。しかし、それでは、購買力がない人はその恩恵にあずかれません。それは、要するに、今の世界の格差をなぞっているだけで、公正さを感じ取ることができません。エヴィアン化とは異なる価値化を考えなければならないと思うのです。
ここで次の引用を見てみましょう。

たとえばイタリアのナポリ市では、二〇一一年に住民投票で水道事業の再公営化が決定し、水道事業を自治体と市民団体の共同管理によって維持することになりました。この事例はヨーロッパで注目されています。というのも、水道事業の公営化を契機に、ナポリ市がコモンズの権利を定める法案を採択し、水をナポリ市の住民にとってのコモンズとして共同管理することを法的に規定したからです。私有財産、公共財とは異なる第三の財産としてのコモンズの権利が保障されたことが画期的です。

（中野佳裕「ポスト資本主義コミュニティ経済はいかにして可能か？——脱成長論の背景・現状・課題」中島隆博編『人の資本主義』東京大学出版会、二〇二一年、三〇五—三〇六頁）

中野佳裕先生は脱成長論を深めていらっしゃる方です。ここで重要なのは、水はコモンズの権利に属しているということです。それは私有財産でもなければ公共財でもない、私たちのコミュニティにとって重要な何かだというわけです。私有財産でないことは理解しやすいですが、公共財ではないというのはどういうことでしょうか。それは、公共的なセクターが管理するものではなく、コミュニティというあるメンバーシップを有する組織の共有材だということです。住民が積極的に寄与することが求められています。

私は、空気も水と同様にコモンズに属するものだと考えています。ですので、空気を皆で手入れする必要があります。これを別の言い方で考えると、宇沢弘文先生の「社会的共通資本」に該当すると思います。市場の外のもので、市場では取引できないけれども、社会にとってどうしても必要なもののことです。具体的には、自然であったり、大学や病院といった専門機関、それをとりまく制度、道路や橋などのインフラが含まれます。そうしたものを市場経済に委ねるとひどい結果が待っていることになります。

この自然の中に空気も含まれます。社会的共通資本のひとつとしての空気をどのように手入れしていけばよいのか。ここで宇沢先生は、フィデュシアリー、つまり信託を受けた専門家集団がそれを管理する責任があると述べます。

社会的共通資本は、それぞれの分野における職業的専門家によって、専門的知見にもとづき、職業的規律にしたがって管理、運営されるものであって、政府や市場の基準・ルールにしたがっておこなわれるものではない。この原理は、社会的共通資本の問題を考えるとき、基本的重要性をもつ。社会的共通資本の管理、運営は、フィデュシアリー（fiduciary）の原則にもとづいて、信託されているからである。

社会的共通資本は、そこから生み出されるサービスが市民の基本的権利の充足にさいして、重要な役割を果たすものであって、社会にとってきわめて「大切な」ものである。このように「大切な」資産を預かって、その管理を委ねられるとき、それは、たんなる委託行為を超えて、フィデュシアリーな性格をもつ。社会的共通資本の管理を委ねられた機構は、あくまでも独立で、自立的な立場に立って、専門的知見にもとづき、職業的規律にしたがって行動し、市民に対して直接的に管理責任を負うものでなければならない。

（宇沢弘文『社会的共通資本』岩波書店、二〇〇〇年、二二―二三頁）

ここに示されているように、空気という社会的共通資本もまた、エヴィアン化するのではなく、市民に対して管理責任を負う専門家によって管理し、清潔なものにしていく必要があるのだと思います。

この専門家による管理責任は、一国に限定されるものではありません。世界のあちこちで大気汚染が深刻化していますが、汚染された空気はやすやすと国境を越えていきます。ということは、専門家による管理責任はおのずと国際的なものにならざるをえません。何か空気に関しても、国際的な制度化が必要なのです。

海に関しては、一定の制度化が行われていて、三〇年ぐらい前に国連海洋法条約ができて、海の利用に関する国際的な合意がなされました。しかし、空気に関してはそういうものはありません。現在ではCO_2の削減に関しては議論がなされていますが、それを含んだより包括的な制度的アプローチが、空気には必要になってきていると思います。

花と襞

さて、もう一度「花する」に戻ってみたいと思います。山内志朗先生が、「花」に関して興味深いイメージを出されています。

桜は襞を展開して開花させる。徳倫理学は幸福を開花（flourishing）として捉える。小さな花も大きな花も、自らの花を開花させるべく存在を移ろう。花が開花するのは、実を結ぶためではない。だからこそ、花は「何故なしに」咲く。

普遍的な尺度や客観的な基準を満たすべく花が咲くのではない。花は花であり、自らの襞を展開して開花を実現する。そして、月山は多くの山襞から構成され、湯殿山はその一つの襞なのである。

（山内志朗『湯殿山の哲学――修験と花と存在と』ぷねうま舎、二〇一七年、五一頁）

ここでは襞の集合体としての花が、理由なしに開花することが述べられています。何かの目的のために花が開くのではない。そして、月山のような地上の風景もまた、多くの襞からなり、花が開くが如く、開花した状態にある。

このイメージの背景には、ジル・ドゥルーズ『襞――ライプニッツとバロック』（宇野邦一訳、河出書房新社、一九九八年［新装版二〇一五年］）があると思います。山内先生は、『ドゥルーズ――内在性の形而上学』（講談社、二〇二一年）の著者でもあって、ドゥルーズにおいて、中世ヨーロッパ以来の「個体性」の問題を読み込んでいらっしゃいます。『襞――ライプニッツとバロック』に、モナドという個体を論じた箇所があります。

しかしただ一つの同じ世界を表現するこれらのモナドすべての間に予定された協和があるとしても、それはもはや、あるモナドの協和が、別のモナドの協和に変わるからではなく、一つのモナドが別のモナドの中に協和を生み出すことができるからでもない。協和とその変化は、厳密にそれぞれのモナドの内部にあり、モナドを構成する絶対の垂直的「形式」は、交通することがないままで、一方から他方に少しずつ、解決や変化によって移ることはできないのである。バロックに特有の音楽的アナロジーにしたがって、ライプニッツはコンサートの状況を引き合いに出している。そこでは二つのモナドがそれぞれに、相手のパートを知らず、聞くこともないまま自分のパートを歌うのだが、にもかかわらず「完全に協和するのである」。

（ジル・ドゥルーズ『襞――ライプニッツとバロック』河出書房新社、二〇一五年、二二九頁）

「モナドには窓がない」。これはよく知られたライプニッツの言葉ですが、ドゥルーズはそのモナド間に「協和」という対応を読み取ります。それは花が花として「協和」しながら咲き誇るようなイメージなのでしょう。

エネルゲイア

このように考えてくると、人間が人間的になりゆくことも、また内部に折り畳まれた襞の現実化だという風にも言えるかもしれません。山内先生は、この襞の現実化を「エネルゲイア」というギリシア語で記述しようともなさいます。それは外在的な目的を備えた「キネーシス」(運動)とは、全く異なるものです。次のように、山内先生は述べています。

キネーシスは、歩行のようなもので、目的を備え、目的に到達する限り、歩行がその目的にいたる手段としてある。目的地に着かない歩行は無意味である。歩行はそれ自体では無意味である。他方、エネルゲイアは舞踊のようなものであり、その行為はどこにいたるというものではない。どこに行くことがなくても、その内に目的を常に実現しているので、行為の外部に措定される目的に到達しなくとも、常に完成している。舞踊は常に目的に到達しているのであり、常に「踊り終えている」のであり、完成しているのであり、どこで終えようと不完全ということがないのである。キネーシスは目的への到達によって消え去り、エネルゲイアは目的の中にとどまる。アリストテレスは、そのようなエネルゲイアの典型として「人生」を挙げる。エネルゲイアとしての人生!

(山内志朗『湯殿山の哲学――修験と花と存在と』ぷねうま舎、二〇一七年、二〇五―二〇六頁)

キネーシスは歩行のようなもので、目的地に着かない歩行は無意味です。たとえば、ここから渋谷駅まで歩こうと決めると、渋谷駅に到達しないと意味がないわけです。それに対して、エネルゲイアは舞踊のようなもので、どこに至るというものではない。それは、その内に目的を常に実現しているので、常に完成している。つまり、舞踊は常に目的に到達しているので、常に踊り終えているわけですから、どこで終えようと不完全ということがない。アリストテレスはそのようなエネルゲイアの典型として、人間の生を挙げています。エネルゲイアとしての人生です。つまり、人生を生きることが、それ自体目的なのです。それをどうやって内側から豊かにしていくのかが問われているのであって、外在的な目的のためにではないのです。

エネルゲイアは、もともとエン＋エルゴンで、活動している状態にあるということです。たとえば目で今、何かを見ている状態です。アリストテレスはそれを大変重視しました。しかし、いくらアリストテレスであろうが、そのままうのみにはできないなと私は思っています。実はここでの山内先生のロジックにはこういう前提がありました。エネルゲイアすなわちエンテレケイアです。エンテレケイアは、テロスという目的を中に含んでいる状態のことです。ある種の完成態ですね。それがエネルゲイアと同じだとすれば、外在的に目的があるのではなく、エネルゲイアは内に目的を含んでいることになります。しかし、私は目的を内に含むことまでも疑った方がよいと考えているのです。というのも、山内先生は、桜の花は理由なしに咲くとおっしゃっていました。テロス＝目的やアルケー＝起源に属さず、ある種の偶然性に開かれた出来事として、「花すること」そして皆さん一人ひとりの生を見なければいけないのではないか、と思うからです。

自然のエレメント

山内先生は花について、さらにこんなことを言っています。

「花」は自然のエレメントだ。いや、世阿弥が能の藝に見出した「花」という概念は、自然の中に留まるのではなく、世界そのものに適用できる。メルロ゠ポンティは、地・水・火・風というエレメントに「肉」を加えた。「肉」は地・水・火・風と同じような具体性とリアリティと身近さとを具えているからだ。エレメントは抽象的なものではなく、身近でなければならない。その意味では「花」はエレメントに加えるのにふさわしい。

（山内志朗『湯殿山の哲学――修験と花と存在と』ぷねうま舎、二〇一七年、三四頁）

では、「花」とはどういうエレメントなのだろうか。それはアリストテレスの述べる現実活動態（エネルゲイア）に近いのではないか。桜の散りゆく姿は、単なる変化（キネーシス）ではないのだ。

（同、二〇五頁）

花はエネルゲイアであり、自然を構成する根本エレメントでもあるのです。メルロ゠ポンティは「肉」がエレメントだと言いましたが、花もそうであれば、まったくこの世界の見方が変わってきそうです。

さて、それ以前の五大エレメントに風が含まれていますね。それは空気のことですが、具体的には、生物の呼吸のことです。ギリシア語のプネウマにせよ、ヘブライ語のルーアハにせよ、元々は息を意味していて、それが魂や心を示すようになっています。それが私たちのあり方を根本から規定しているのです。中国語の気はより肉に近いかもしれません。

ちなみに、概念としての「空気」を作ったのは福澤諭吉です。ここには大きなパラダイムの転換がありました。そもそも、「窮理」が朱子学的な世界観でした。世界は理という意味にあふれているはずなので、それを探求しようというのです。ところが、福澤が見たのは、世界が物理の法則によって支配されているパラダイムです。そのパラダイムの転換の中で、気という概念は残り続けます。かつて理とセットになっていた概念であった気を、福澤は「空気」として物理対象にしたわけです。

以上を踏まえてもう一度考えてみると、人間は肉や心（息）を所有するのではなくて、肉や心を生きて、そして花するのです。よく心身問題が語られますが、私たちは身体を所有もしていないし、心を所有してもいません。そうではなく、それらを生きているのです。

肉や花というエレメント、これも単に物質的な肉や物質的な花が問題になっているのではありません。それを生きるある種のプラットフォームが問題になっているのです。空気もそのような想像力の次元と、それからリアリティの次元と、両方を含み込んだものとして考えられるのではないのか、そういうふうに思っているわけです。

このコロナ禍で、私たちが求めたのは、清潔で安全な空気を共有した空間だけではなく、人々が関与し合い、心（息）の交わりを深めている姿でした。そこでは孤独の影が取り払われ、身体を通して心が触れ合い、新たな言葉を手に入れ、自分の声を誰かが聴いている。その人の襞が花開き、それだけでこの世界に善さを付与する。こうした世界です。そこで、空気は人間関係を適切に条件付けて調和させるHuman Conditioningにまで深く関わっているのです。

おわりに――まことの楽

京都大学名誉教授の西平直先生が、私たちのあり方を根本的に見つめ直す本をお書きになっています。それが『養生の思想』(春秋社、二〇二一年)です。近代的な「衛生」に変えて、前近代的な「養生」を再考され、心と体、精神と身体を分離できないような形でもう一度回復しようと主張されています。その際、人間が孤立した存在ではなく、他の人と共に人間的になりゆくという関係性が畳み込まれています。それは、ひとりの人が健康であるかどうかが問題ではなく、そこにいる人たちが皆、生を養って、それを「楽しむ」ことが重要だとおっしゃるのです。儒教倫理を土台とした近代日本の健康思想には、この「楽しむ」視点が欠けていたのです。「まことの楽は、人とともに楽しんでこそ」(同、二〇七頁)と強調されていますが、孤立した個人ではないわけです。

私が「花する空気」で考えたいのはこういう境地です。生が楽しさに貫かれながら、あちこちで他の人や物とつながっていくようなあり方ですね。空気を通じて共に花するということが、あちこちで生じていく。しかも、そこにはある種の楽しさが必ずある。こういう来るべき未来のあり方を夢想しているわけです。

Q1：一個人として貢献できるのはすごく小さなことだけだと思ってしまいます。SDGsが叫ばれたり、政治やウクライナ戦争も同様ですが、対峙する問題があまりに大きかったりすると、無力感を感じてしまいます。その解決策として望むことや、以前お話しされていたパーソナルなあり方があるのかなと思いますが、どうでしょうか。

Q2：能力がある人じゃないと望むことはできないのではないでしょうか。自分が他の人よりも何らかの面で優れているという自負がないと、望むというステップにはいけないように思います。

A：お二人の質問の方向性が異なるのが面白いですね。最初の方の問いには共鳴するところが多くあります。大きな問題を前にすると、ひとりの人ができることは小さいものだと思い、無力感にさいなまれることはよくあることだと思います。それでも、ひとりでできることも少なからずあるのではないでしょうか。

たとえば、私たちは日々買い物をしたり、消費したりしています。その際に、何を選ぶのかに注意深くなることだけでも、全然違うように思います。残酷さを超えたひどいプロセスで作られた鶏肉を選ぶのか、選ばないのか。アマゾンの熱帯雨林を切り開いて作った大豆を選ぶのか、選ばないのか。こうした選択は小さな行為かもしれませんが、大きな意味をもたらしますね。

もっと大事なことは、他の人との繋がりです。人と人が繋がっていくことで、何倍もの力になることが、歴史的に証明されています。とはいえ、繋がるのは難しいことです。出会えば必ず繋がるわけではない。あなたが小さな選択を積み重ねてきて、世界に対してある態度を取っていることに共鳴されないと繋がることはないからです。

ハンナ・アーレントは、政治の定義をあらためて、それは人が集うことだ、と言いました。他の人と繋がるのは、まさにそうした政治でもあります。グレタさんのような、あなた方に近い世代の人がいますね。彼女が最初に始めたことはとても小さなことでした。しかし、それに共鳴する人たちがどんどん現れて繋がっていき、無視できない大きな力になっていきましたね。そうしたことが、人間の社会にはあると思っています。

二番目のご質問に対する答えは、ノーです。高齢者となり、できることもできなくなった人は望みを持つことはできないのでしょうか。高齢者となるまでに、いろいろな経験をしてきて、人と繋がって、そのなかで自分の生を磨いてきたわけです。能力においてできないことが増えたとしても、望むことを通じて、自分が変容したり社会が変容したりすることは、大いにありうると思います。

禅僧を考えても、その人たちが特別能力に恵まれていたわけではないと思います。ただ、その人たちは、救いとか悟りを望まずにはいられなかったのです。そして、その人たちが実現し、集団でなしたことは、いまだに私たちに大きなインパクトを与えています。それは、望みが、他の人と繋がることで言葉に結晶化したからです。

読書案内

山内志朗『ドゥルーズ――内在性の形而上学』（講談社、二〇二一年）は本文でも取り上げましたが、あらためて挙げたいと思います。幸いにも、私たちは数多くのドゥルーズ論を日本語で読むことができますが、その中でも、哲学史とりわけ中世神学の文脈においてドゥルーズを読んだこの本は、特筆に値するものです。

井筒俊彦論としては、昨年、安藤礼二『井筒俊彦――起源の哲学』（慶應義塾大学出版会、二〇二三年）が出版されました。慶應義塾大学出版会は、井筒俊彦全集と井筒俊彦英文著作翻訳コレクションを完成させる偉業を達成したのですが、それを受けて、文芸批評家の安藤礼二が、井筒の思想的起源を縦横に論じたものです。

宇沢弘文に関しては、宇沢弘文『宇沢弘文――傑作論文全ファイル』（東洋経済新報社、二〇一六年）があり、そこにはノーベル賞受賞者のジョゼフ・スティグリッツによる宇沢論が収められ、社会的共通資本への見通しがつけられています。

資本主義に関しては、ポール・コリアー&ジョン・ケイ『強欲資本主義は死んだ――個人主義からコミュニティの時代へ』（池本幸生、栗林寛幸訳、勁草書房、二〇二三年）が読み応えがあります。ホモ・エコノミクス（経済人）ではなく、ホモ・サピエンス（知恵ある人間）として、共通の価値ある目的に向かって協力し合うことの重要性が示されているのです。アマルティア・センの訳者でもある池本幸生による解説で「見えない人々」いや「見えなくされている人々」に社会においてちゃんと居場所を準備することの重要性も強調されています。

最後に、人が人に出会うことに変容するプロセスを、唐代の禅僧を取り上げて書いたものとして、小川隆『禅僧たちの生涯——唐代の禅』（春秋社、二〇二二年）を挙げておきたいと思います。禅僧たちは自分にふさわしい師を求めて東奔西走し、旅をし続け、ようやく最後に師にめぐり合います。それによって、はじめて「花する」ように自分のあり方を変容させ、そして世界それ自体を変容させるのです。「ハイ」と応答すること、それもまた禅においては悟りなのです。

第2講

ひとと空気の歴史社会学

空気にも歴史がある

佐藤健二

さとう・けんじ●東京大学名誉教授、東京大学執行役・副学長。一九五七年生まれ。社会学。東京大学大学院人文社会学研究科博士課程中途退学。博士（社会学）。著書に、『流言蜚語』（有信堂高文社）、『社会調査史のリテラシー』（新曜社）、『ケータイ化する日本語』（大修館書店）、『柳田国男の歴史社会学』（せりか書房）、『文化資源学講義』（東京大学出版会）、『真木悠介の誕生』（弘文堂）など多数。

今日は、連携講座の主題である「空気の価値化」について、二つの話題を取りあげます。ひとつは「価値化」です。このキーワードは、もうひとつよくわからない印象があるかもしれません。ですので、その含意の拡がりを、いっしょに確かめてみたいと思います。国語辞書的な意味ではなく、社会学の立場から解説するということになるでしょう。いいかえると「価値化」の語で、なにを論じたかったのかをあらためて話題にしてみたい。そのときに「価値」ということばそれ自体の歴史と、社会学で論じられてきた「価値意識の研究」あたりが手がかりになります。

もうひとつは、「空気」を社会が論じてきた枠組みを、認識枠組みとして問いなおしてみたい。つまり、空気に対する理解の社会的な変化について、歴史社会学の視点からすこし描き出したいと思います。ここでの対象は、空気そのものの成分とか温度などの状態だけではありません。そうした状態を管理する技術や、住居とか職場とか工場とかの建築物の空間との関係、さらには人工物をこえた環境のとらえかた、そして空気をめぐる価値観の変化などが問題になります。

「だれが水を発見したかはわからないけれど、それが魚でないことだけは確かだ」という、マクルーハンのことばは、自分たちを支えている環境そのものを、生命は認識しにくいことを主題化しています。魚はその存在全体が「水」に支えられている。その論理を援用するなら、空気はひと全体を支える不可欠な存在で、そのなかで生きるしかないにもかかわらず、「人間」が発見し認識しにくい資源＝自然資本であり社会的共通資本だった。

その無自覚と意識化の歴史を考えてみたいと思うのです。

「〇〇化」と「歴史」

さて、「価値化」ということばがわかりにくいのは、邪魔くさいことに、「化」という動きを内蔵した語が付いているからです。

「化」は、いまではなかなか想像しにくいし、腑に落ちないと思いますが、古くは「徳によって人民を善良に導くこと」を意味していました。やがて事物や自然の変化に応用されて「形、性質、状態などが変わること」を示す意味が強くなります。幕末から明治初期には変革の時代だったからか、「醇化、美化、悪化、緑化、強化、硬化、液化、気化」など「化」を含む二字熟語の新語が盛んにつくられました。明治後期から大正頃には、変化の動きを率直にあらわす接尾語として二字の概念と結合し、「機械化、国有化、一般化、一元化」など、新しいさまざまな三字熟語が生まれます。

社会学でも「工業化」とか「都市化」とか「民主化」とか「近代化」などの概念をいくらでもあげることができるでしょう。それらはみな、それまで存在していなかった、あるいはまだ実現していない状態への変動を指しています。

だからこそ、といっていいと思いますが、その方向性の理解において「〇〇化」の「〇〇」の理念の内実が深く問われることになります。

その中心にある「〇〇」の特質を理解することと、「化」の変化のプロセスや構造を深く認識することは、じつは人間の思考のなかで本質的につながっています。すこし乱暴な語り方になりますが、そこにおいて必然的に、それぞれの概念・熟語に関わるさまざまな「歴史」が検討の場に呼び出され、問題にされるのです。

歴史は「過去」をあつめたものでも、思い出でしかない昔の逸話でもありません。むしろ、「すべての歴史は現代史である」という、E・H・カーの有名なことばが象徴的にしめしているように、いま現在と本質的につながっています。歴史は過去の事実の〈たし算〉ではなく、現在の視点と過去の事実の〈かけ算〉だからです。現在に生きる自分たちが「意味がある」と考えている、そうした価値観が過去の事実や事物やできごと、つまり「こと」や「もの」がかけあわせられて、はじめて昔が語られる「歴史」として存在する。その結果、いま現在との関係において、過去という物語が意味をもつ。あるいは進化とか発展とか、逆に退化とか衰亡とかいう、変化の叙述がまさに生みだされている。だからこそ、じつは歴史を考えることは、変化を考えることです。それは過去を考えるだけではなく、現在を考えることにもならざるをえないのです。そして、いま現在の背後にある、ものの見方を点検する端緒をひらく。あるいは、そこに無自覚なまま潜んでいる価値観を、再検討することとむすびつくのです。

「空気の価値化」というけれど、そこで使われている「価値化」とは、なにか。それをしっかり考えるためには、その前提にある「価値」という概念が、なにを指ししめしているのかをあらためて考えてみる必要があるのです。

「価値」とはなにか

さて「価値」をさまざまな辞書で牽いてみると、だいたいは同じようなところを示しているのですけれども、じつはあまり語り方や説明の形が安定していない、あるいは整理されていない印象を受けます。普通は、解説の多少の語句のちがいはあれ、大きな意味の項目立てのレベルでは対応していたりするのですが、それが微妙にずれている。

ひょっとしたら日本語として新しいのかという印象をもちます。用例も、そんなに古くなくて、一九世紀末のものが挙げられているのは、その傍証となるかもしれません。たぶん英語の value という語から生まれた新しい日本語だったように思われます。

ただ、訳語辞書である一八八一（明治一四）年の『哲学字彙』などでは「value 価格（財）」とあって、むしろ「price」に近い。価も値も「あたい」という意味をもっています。

「あたう」は適合するとか、つりあうとか、対応するということですから、なにか広い意味での「交換」というか「交易」「市場」のような状況での評価であり、そうした状況で生みだされている意味として考えるべきなのかなという事態が想定されます。「値打ち」ということばが、もうすこし古くから使い慣れている用語で、これも「価値」に近いものだと思います。「値踏み」ともいいますが、踏むは「評価する、判断する」あるいは「実地に調査して、確実なものを得る」という意味です。ここからもなにか市場のような取り引きの事態が感じられます。

「価値」の辞書的意味

「価値」**日本国語大辞典**

(1)物事のもっている値うち。あたい。かちょく。

＊英和記簿法字類〔1878〕〈田鎖綱紀〉「Price 価。価値」

＊吾輩は猫である〔1905～06〕〈夏目漱石〉三「研究する価値があると見えますな」

＊智恵子抄〔1941〕〈高村光太郎〉おそれ「私の肉眼は万物に無限の価値を見る」

(2)人間の基本的な欲求、意志、関心の対象となる性質。真、善、美、聖など。

(3)ある目的に有用な事物の性質。使用の目的に有用なものを使用価値、交換の目的に有用なものを交換価値という。

「価値」**広辞苑**

①物事の役に立つ性質・程度。経済学では商品は使用価値と交換価値とを持つとされる。ねうち。効用。「貨幣—」「その本は読む—がない」

②〔哲〕「よい」といわれる性質。「わるい」といわれる性質は反価値。広義では価値と反価値とを含めて価値という。

㋐人間の好悪の対象になる性質。

㋑個人の好悪とは無関係に、誰もが「よい」として承認すべき普遍的な性質。真・善・美など。

念のために日本語だけでなく、たとえば英語のvalueの語誌を確かめてみると、むしろ一四世紀頃に貨幣的な普遍性・有用性がすでに意識されるなかで、このことばが成立してきたのではないかと思われます。「worth は知的・精神的・道徳的価値、value は実際的な有用性・重要性からみた価値」というような説明を載せている辞書もあり、worth のほうは古英語（五世紀から一二世紀に成立している）とあるので、じつはこの「value」という英語も、また「価値」という日本語も、商品交換の市場が生活のなかに深く入りこみつつある局面で意識されてきたのではないかというイメージが得られます。

こうしたことばの検討は、狭い語源の探究ではありません。むしろ、とらえたいのはことばの意味の変わり目です。変化は、地層・断層のように記録されています。私は、そのことばがいつごろから使われはじめたのか、だれが使いはじめたのかの確認や考察は重要だと思っています。そして、そこにこだわる態度というか方法自体が、じつは社会学のパラダイムや視座とも、深く結びついています。

というのも、新しいことばの登場や使用は、それ自体が社会の構造変容の事実をあらわしているからです。あるいは、社会と理解すべきシステムが、大きく変貌していることのきざしです。「変わり目」にあるからこそ、新しいことばが使われ、あるいは従来からあることばに新しい意味が加わるのです。新たに表される内容が、そこで必要とされるからです。

やや乱暴な言い方をすると、社会のシステムが変化したときに、つねに新しいことばが生みだされるとはかぎりません。しかしながら、これまで使われていたことばの意味が変わり、あるいは新しい意味が必要になったときには、じつはその語をめぐる構造やシステムにすでに大きな変化が生まれている。であればこそ、意味の変化はひとつの指標たりうるので、すこしこだわってみていくことが有効だということになります。

このあたりも、歴史は現在と過去との〈かけ算〉なのだという、さきほどの議論の含意のひとつとなります。

主体と客体の掛け算

ということで、もういちど「価値」にもどって、その内側に潜んでいるダイナミズムのようなものを検討してみたい。それを、無理やりひとつの図にまとめたのが**図1**です。いくつか考える枠組みと

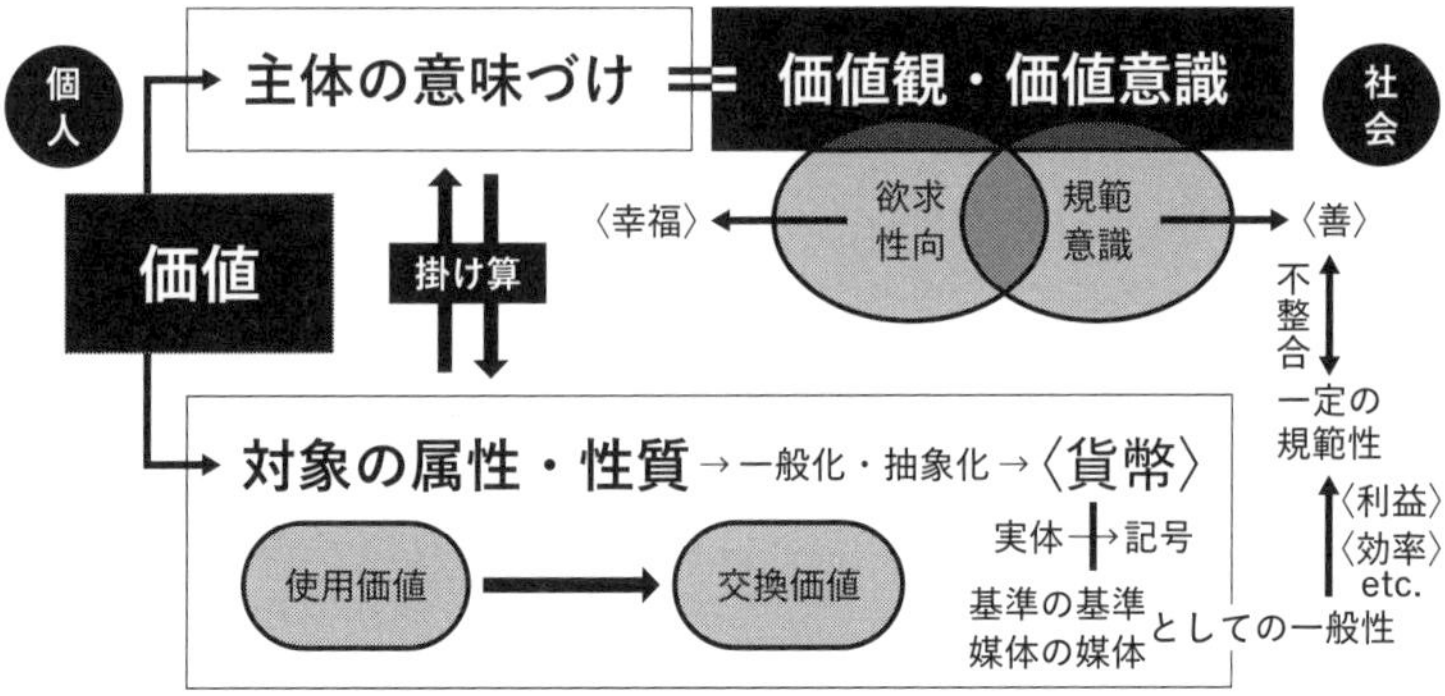

図1　「価値」をめぐるダイナミズム

なる要素があるので、順番にとりあげましょう。

ひとつは、「価値」というのは〈かけ算〉である。つまり「客体の属性」すなわち対象に備わっている性質、あるいは値打ちだけではない。「価値観」とか「価値意識」という「主体」が有する特性がかけあわせられて、はじめて成立しているのです。

金に価値があるというとき、それに稀少性があって、非常に変化しにくい鉱物であることだけでは、十分ではない。だれもが値打ちがあると思っていることのほうが、重要な前提条件です。そういう主体の意味づけが存在しなければ「価値」は立ち上がらない。その意味づけは、素材そのものには内在していません。

たとえば、ミクロネシアのヤップ島には「石貨」という、持ち歩くことが不可能な貨幣があります。それをパラオから切り出してもってくるときにどれだけたいへんだったかとか、だれだれの結婚のお祝いとして贈られてじつに豪勢なお祭りだったとか、村同士の争いのときに謝罪の印としてもらったとか、さまざまな物語がかけあわせられて「価値」になっているのです。素材の石が、そのまま貴重な価値をもっているわけではありません。

つまり対象の値打ちだけでなく、主体の意味づけがなければ、「価値」が生まれない。

このメカニズムを、この講義の主題にからませると、空気の価値を考えなおそうという試みは、ただ対象となる空気を分析するだけでは出てきません。むしろ、有るのがあたりまえだと思っていて、その意味を考えたことがない「空気」が、人間にとってどんな意味をもつのか。べつな言い方をすると、人間は「空気」にどんな意味をあたえてきたのか、それを考えなければならないという問題提起なのです。

欲求と規範、必要・要求・欲望

二つ目に問うべきは、人間のほうの重要な意味づけの「内容」です。たとえば、それは「価値観」と呼ばれたりします。「観」は見方ということで、もうすこし広く「価値意識」といってもいいでしょう。私の先生は、見田宗介という社会学者ですが、このひとの最初の理論的著作が『価値意識の理論』という一冊でした。

見田さんによると価値意識の構成要素に、たいへん重要な二つがある。それは、「欲求」と「規範」です。「欲求」は基本的に、人間をつきうごかす力ですし、「規範」はいうならば人間が進む方向や動き方をコントロールする枠組みです。

欲求は心理学でも基本的な概念で、細かく論じていくときりがありません。ここではひとつだけ、

「欲求」に段階があることを指摘しておこうと思います。欲求は、そのあらわれにおいて、明確な位相の違いがある。これも、見田宗介「人間的欲求の理論」（真木悠介（見田宗介の筆名）『人間解放の理論のために』筑摩書房、一九七一年）が論じていますが、つまり「必要（欲求の客観的・絶対的な段階）」と「要求（欲求の一般的な高次化の段階）」と「欲望（欲求の特定方向への昂進や発展の段階）」という三つの位相がある。そして「欲望」としての人間的欲求は、それぞれの身体の「必要」という制限から解放されている、それゆえに歯止めなく膨らみ、昂進していく人間固有の駆動力であることを、頭のかたすみで確認しておきたいと思います。

他者の存在、あるいは価値の社会性

欲求はその性質に、三つの段階があるだけではありません。

他者もまた欲求をもっていて、それをどう共存させるかという問題が、人間の社会にはあることも重要です。人間は、複数の欲求を同時にもつ、そういう多面性・多様性があるとともに、複数の人間たちの関係のなかで生きていて、他の人間（他者）もまたさまざまな欲求をもっている状況のなかを生きている。

具体的にいうと、たとえば食欲もひとつの欲求です。あのお菓子が食べたいと思う。ただ他のともだちが、食べたいと思っていることも、すなわち他者の欲求も理解している。そして、このともだちと争わずに仲良くしたい、という欲求を食欲と同時にもつ。ひとりで全部を食べてしまうと、気まずいし仲良くできないと思うから、分けていっしょに楽しく食べようという、価値ある解決を見いだす。たいへん人間的な解決で、カラスやライオンが自分たちの欲求に、そういう「共存」の解決をあたえるかは、はなはだ疑問で、とりわけ食物が限られている稀少性の状況ではむずかしいでしょう。

このあたりになると、価値の理解においてじつは「規範」とか「倫理」という、もうひとつの構成要素が、かなり重要な論点として関わっていることが見えてきます。規範は、よるべき評価の基準であるとともに、望ましいありかたを指ししめす。価値観・価値意識の存立に不可欠の要素です。

さて、この「欲求性向」と「規範意識」という二つには、一般的に志向している究極価値がそれぞれにある。欲求性向が志向する、一般的で究極の価値は「幸福」だといいます。そして規範意識が志向する、一般的で究極の価値が「善」だといえる。さきほどの辞書が、価値の内容として解説した、真・善・美の「善」がここで出てきます。

問題は、この「幸福」と「善」とが、いつも自然にぴったりと重なり合うわけではない、という現実です。個人のなかでも、そして社会としても、です。

そして現代社会の、というか、人間社会の問題は、この「善」と「幸福」とが分裂し、あるいは対立し、たがいによそよそしい関係に置かれるために、さまざまな不安や失望、無気力が生みだされてしまっていることです。

使用価値と交換価値、あるいはさらに共生価値

三点目に忘れてはならないのが、これも辞書のなかでも言及されていましたが、使用価値と交換価値です。この二つの経済思想史的な概念によって、どこに光をあてられるのか。

この使用価値と交換価値は、「商品」の存立を分析する資本論的な枠組みです。単純なイメージでいうと、その主体としての人間が、自ら利用することにおいて生じ、測定されるであろう価値が「使用価値」です。使用せずに市場に出し、他の財と交換する局面で測られる価値が「交換価値」で、それぞれにおけるひととモノすなわち物的資源との関係が大きく異なっています。

ここでは、この講義で確認しておくべき論点にしぼりたいと思います。それは「使用価値」では、対象となるものがもつ属性、内容、特質などが具体的に主体に認識されているのに対して、「交換価値」のレベルにおいては、抽象化し一般化し記号化してそのモノが有する性質が見えにくくなるという点です。あるいはそのモノの意味は直接的ではなくなって、価値をあらわす数字すなわち「価格」ということになりますが、それが自律して意味をもちはじめるということです。

ここに、さきほど指摘したような、人間の欲求の段階的把握における「欲望」の歯止めのなさが関わっていくと、「交換価値」は実際のモノのもっている特質から解離して、無制限に高騰していくことになる。欲しいひとが競り合っていくと、マグロが初競りのときだけ何億円にもなったり、ポケモンのレアカードが信じられないような値段になったりするわけです。このあたりは市場における価値

の問題で、「疎外論」とか「物象化論」とかの人間存在の議論をあてはめていくと思想史的にもおもしろい。稀少性の問題とか、市場の閉鎖性の問題とか、外部不経済の問題とか、さまざま考えるべき論点があります。

ただここで強調したいのは、「使用価値／交換価値」の議論が限定的だという事実です。商品形態や貨幣形態の分析を含むマルクスの価値形態論、ざっくりいって資本論における、「商品」の存立のメカニズムの分析のなかで工夫された。だから、それ以上でもそれ以下でもない。別ないいかたをすると、商品や市場の存立を論ずるための効用にしばられていて、それらの問題点を批判するなかで立ちあげられている。だから、そのあとの未来の社会、あるいはそれ以外のもうひとつの社会のありかたを論ずるためには、なにか効力が足りない概念セットなのではないか。

たとえば、社会的共通資本の議論は、ある意味で「使用価値」の復権という色彩をもつのですけれども、それだけではじつは議論できない拡がりがあって、そこがたいへんに重要なのではないか。もうすこし射程をのばすためには、たとえば「共存価値」とか「共生価値」のような、使用価値／交換価値の対ではカバーできない、位相の異なる新しい概念を導入することも必要なのではないでしょうか。

空気の価値化の議論には、既存の価値を論じてきた枠組みとは異なる、新しい価値の概念や切り口が必要なのではないかということを、ここで問題提起しておきたいと思います。

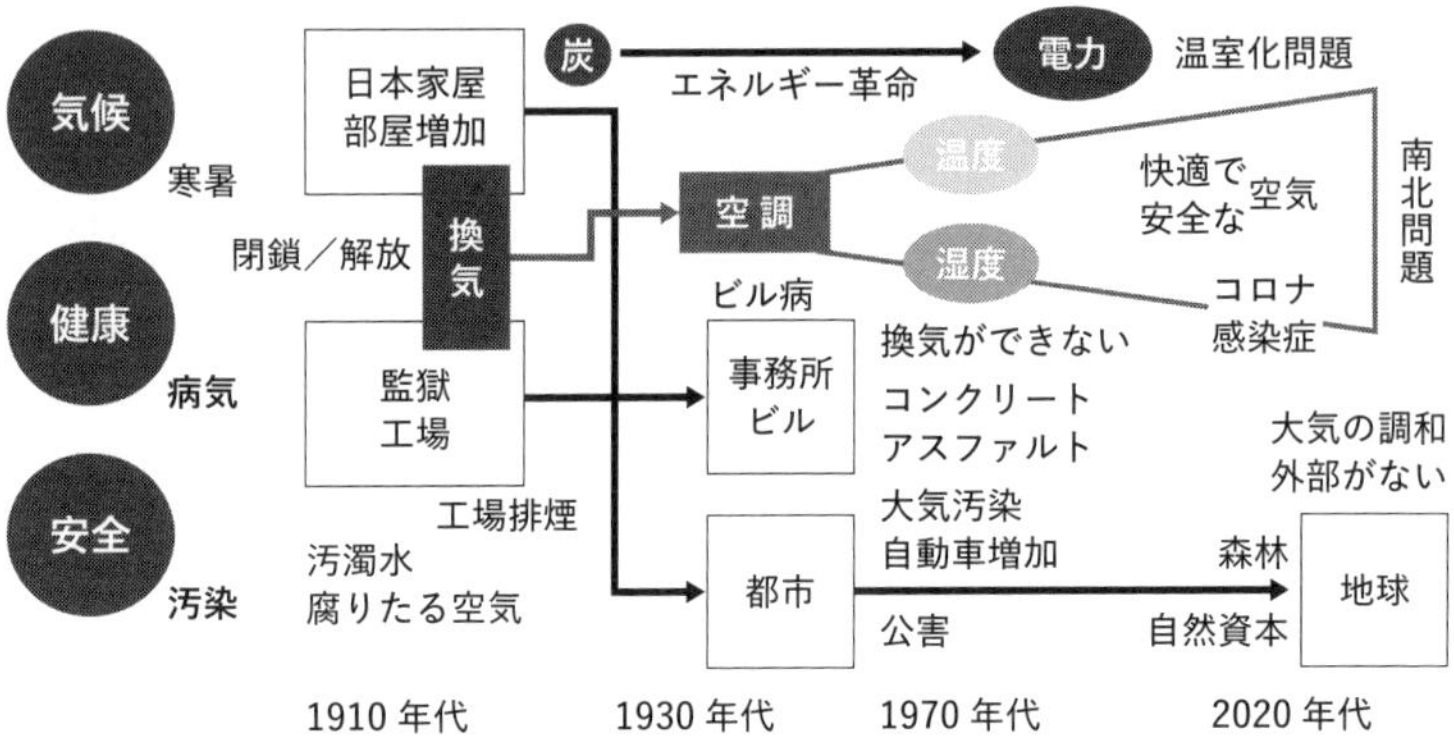

図2　空気をめぐる問題の歴史

空気の歴史に学ぶ

すこし駆け足ではあったのですが、「空気の価値化」についての話はここまでとして、次に今度は、歴史を振りかえって考えてみたいと思います。

これも、ざっくりした図で恐縮ですが、話の拡がりをすこし整理して配置した**図2**を参照しながら、お聞きいただければと思います。

この図の素材は、東京大学附属図書館のデータベースで参照できる新聞を斜め読みしてみたメモです。昔は、新聞のマイクロフィルムを見ていくのは、たいへんな作業だったのですが、ほんとうに楽になりました。ただ、過信してはいけないことが多く、毎日新聞の検索が使いものにならないことや、萬朝報や二六新聞とかいまはない新聞、あるいは地方紙などが漏れていることも改善すべきですが、その話は長くなりますので、いつかまた別の機会にします。朝日新聞と読売新聞だけですが、それでも一覧するといろいろなことがわかります。

空気の問題の浮上──都市集住・家屋・工場

一九二〇年代から三〇年代には、「空気調和装置」とよばれる機械があらわれて、空気のことがいろいろと論じられ始めるのですが、それ以前はどうだったのか。形は異なるけれども空気の価値もしくは重要性は、すでに気づかれていました。しかしながら、空気を操作し管理する技術が未発達であったために、調査測定までしか踏みこむことができず、対策もまた自然換気の周辺にとどまっていたように思います。

一八七七（明治一〇）年一〇月六日・一〇日の岸田吟香の投書は、先駆的な主張ではないでしょうか。水（コレラ）の汚れだけでなく、空気の良し悪しもたいへんに重要だと説いています。「腐りたる空気」というのは、古代ギリシアからあるミアズマ（瘴気）説のようですが、それと病気との関係や、家の内部での空気（竈・火鉢・炭火からの炭酸ガス）の汚れや、都市の集住の問題性も指摘している。空気の良し悪しを、水の良しあしほどに考えていないのは、われわれの社会があまり文明的ではないからではないかという議論をしています。

現代のわれわれは、暖房で「炭」が使われていた歴史を覚えていないのですが、今日でもなお一酸化炭素中毒が起こりうることを考えると、忘れてよい話ではありません。さらにいうと、炭それ自体がたいへん大きな発明で、この灰のなかで静かに燃える火があればこそ、「こたつ（炬燵）」のような局所的な暖房具が可能になった。そうした火の分裂が、家に多くの部屋を成立させ、個人の居場所を用意していく構造変化を、柳田国男が『明治大正史 世相篇』（朝日新聞社、一九三六年。KADOKAWA、二〇二三）で指摘しています。そういう反面で、狭くて風通しの悪い家屋もまた、多く生みだされていったりするわけです。この話も、「こたつ」という存在を知らず、電熱の「こたつ」しか思い浮かばない現代の人たちには、気づきにくく想像することができない変化だと思うのです。

岸田吟香だけではありません。一八八〇年代には、すでに「監獄の監房」「劇場」などにおける空気の悪さが問題にされていました。しかしながら、窓をつくっての自然換気くらいしか対策のやりようがなかったのです。

一九一〇年前後の新聞記事には、森林の効用をすでに主張しているものが見つけられます。あるいは、ハワードの「田園都市構想」（内務省地方局有志が一九〇七年に翻訳刊行している）の影響かもしれません。しかも、これは室内の話ではなく、都市計画の思想だったのですが、ここで「気候調和」ということばがあらわれているのがおもしろいと思います。田園都市構想は、いわば森のような都市をつくろうという都市改造の主張で、この当時、世界的にも大都会の空気がとりわけ工場の林立などにおいて悪くなりつつあったことを踏まえています。

じっさいに一九一〇年代には、工場や鉱山における空気の質や汚れの調査が本格化しています。工場法の時代（一九一一年公布、一九一六年施行。一九四七年労働基準法施行で廃止）でもあったわけで、塵埃の量と炭酸ガスの含有量が問題視されています。

一九二三（大正一二）年の読売新聞記事をみると、日本家屋から洋風を取り入れた住宅への変化のなかで、家庭での空気の流通が問題になっていたことがわかります。関東大震災は、住宅の変化を大きく促進しました。この新聞記事の感覚は一九三〇年代の「不衛生な木造洋館」や、洋間の換気、冬の換気をめぐる困難ともつながっている。しかしながら、家庭用の空調はまだまだ現実のものでなく、解決策は自然換気という窓の問題に収斂していきます。

ただ、二〇世紀の初頭が、世界ではすでにエア・コンディショニングの時代が始まりつつあったことも無視できないでしょう。最初はむしろ「湿度」の管理だったようですが、温度を下げる技術と裏表で開発が進んでいきます。日本でそれが知られるようになり、百科辞（事）典にのるほどの知識になっていくのが、一九三〇年代です。平凡社の大百科事典の「空気洗浄器」の項目とか、冨山房の国民百科大辞典の「空気調和装置」の紹介を挙げることができます。

空調装置と「丸の内病」

そうした機器が日本社会にも導入されるようになる一九二〇―三〇年代は、空調装置の夜明けの時代だったと思います。

空調技術の発明や改良のもとで、空気調和のある形態での社会実装が進みます。理論的には「空気を人工的にコントロールするさまざまな技術」の開発ということになるのですが、歴史的・具体的には「冷媒」の開発と「フィルター」の改善、ファン（扇風機）等による「換気」のコントロールなどのかたちで具体化していきます。

とりわけ一九二〇年代の後半に、都市東京を代表する丸ビル（一九二三年二月竣工）に象徴される「オフィスビルヂング」の時代が始まったことは、大きな環境条件の変化でした。この都市空間の変化と、空調の技術は深く関連しつつ展開していくことになるからです。

とりわけ象徴的なのは、一九二六年に読売新聞が取りあげている「丸の内病」の流行です。空気の「毒」と室内空間の特質との双方を、社会的に浮かびあがらせるできごととして、少なからぬ役割を果たしたといえるでしょう。これは一九三〇年代後半には、丸の内のような地域と結びつけられるのではなく、一般的に「ビル病」と認識されるようになります。さらに一九七〇年代以降に「在郷軍人病」（レジオネラ症）と呼ばれる集団発生の現象とも、ほぼ同じ問題の構図を描くことも、歴史の問題が構造の類似においてくりかえされることを示しています。あるいは一九八〇年代に記事にされる「空気の再循環」にともなう「集団感染」なども同じで、閉じられた空間における空気の問題としてつながっていきます。

一九三三年に読売新聞が話題にした、銀座の空気の悪さに、自動車の激増という新しい要因が挙がっているのは、たいへんに興味深い事実です。この延長上に、宇沢弘文『自動車の社会的費用』（岩波書店、一九七四年）が位置づけられる、そのつながりの始まりだからです。ただ、読売新聞が提案している解決策（人の背よりも高く、車の上部から排気ガスを出せばよい、という対策）は、かなり滑稽で当時もいまもその実効性が疑問ではありますが、対策以上に問題の発生を歴史として押さえるべきでしょう。しかしながら、この段階では空調の問題とは結びつけられていません。

今回見た新聞記事にはあまりあらわれてきませんでしたが、都市の空気を大きく悪化させた工場の煤煙なども、「空気の価値化」のプロジェクトのなかで考えられてよい拡がりだと思います。しかしながら、これはあまり「空気調和」のなかでは積極的には語られませんでした。それも、かつての問題設定のなかでは自然ななりゆきだったかもしれません。おそらく全国的に「公害」として本格化するのが高度成長期であったという事実もあり、また温度・湿度を中心に展開してきた空調技術との接点があまりにも少なかったからだとも考えられます。

その一方で、一九四一年九月に理研の研究者が「人工気候の立体化」という主題のもとで、空調技術が対応すべき範囲を、建物よりはるかに拡げているのはたいへん興味深く、すでに技術にかかわる人びとの想像力のなかでは、問題は連続的なものとして見えていた可能性はあるでしょう。

空気の公共化と個人化

要するに、一般的にさまざまなレベルでの「空気調和」を意味すべき「空調」ということばが、限定的な建造物のなかの「空気調整」の技術にどこかで切り縮められてしまっています。

そこには、さまざまな偶然が関わっています。たとえば、ビルディングという建物空間に視野が限定されるとともに、空調機器の製造と、建築物への設備・施工とが、産業として分かれたまま発展したことなども、おそらく作用しているのでしょう。印象ではありますが、空気調和ということばは、空調機器を製作している企業よりも、むしろ躯体に関連する設備施工、建設関連の会社の広告に目立ちます。

新聞には話題としてあらわれていても、取りあげ方に時代の限定を感じさせるものも少なくありません。たとえば、一九七〇年代後半から社会的に要請された「省エネルギー」に対する対応は、電力の節約と、熱交換効率の向上に限られていました。当時の社会の議論も、いまの脱炭素や脱原発の拡がりをもっていなかったように記憶しています。

また一九九〇年代に、たまたまかもしれないが話題になっている「香り」の空調システムは、いささかベタな思いつきの印象がぬぐえません。花（ラベンダー、ジャスミンなど）やレモンという選択肢が、けっきょくのところ香水の香料の延長でしかなく、じつはすでにその発想自体があまりに限定的だったのではないかと思います。発想や感覚自体がまた、既存のテクノロジーに深く拘束されていることも配慮すべき論点でしょう。

一九九〇年の「ダイキンの大風呂敷」の広告は、なかなかおもしろく、これまであまり論じられていない論点を提起しているように思います。具体的には、真夏の外回りで、上着を着てても汗だくにならないエアコンスーツを作ってくださいという要望です。一九九〇年代には大風呂敷の夢物語だったことが、二〇二〇年代のいま工事現場等で実装されている。

ただし、あえてこの事例を挙げたのは「これで問題が解決した」というわけではないことに気づくべきなのではないか、という問題提起のためです。

エアコンスーツは、いわば空気の個人空間化という「私」的な解決です。しかしながら、たとえば同じ部屋の共有空間のなかでもすごく暑がりと、寒がりとがいた場合に、どうやって両方にとって快適な空間を創りだすのか。そこにいるみなが、一人一人がこんなスーツを着て過ごすのが望ましいのか。あるいはエネルギーの問題を考えた場合はどうなのか。ひとつの解決のようにみえることが、さまざまな新たな問題を引き起こしうることも、同時に探り考えていかなければなりません。

また、今日の話は物理的な空気を主に取りあげましたけれども、さらに文化的で人間的な「空気が読めない」という論点も、「空気」の概念のなかで論じていく必要があります。たとえば、山本七平に『「空気」の研究』という著作があって、「論理」と「空気」を対立させて、日本的特質とされるようなものを批判しています。やや世代的、時代的な議論の偏りを感じますが、近年のコロナ禍で、対面のコミュニケーションにおける「空気」の価値が再認識されていることなどを含め、重要な視点です。自分の身体と他者の身体が共有する、そういうミクロな状況での空気の問題もあれば、都市とか社会とかというメゾレベルもあれば、地球というマクロなシステムで議論すべき広がりもある。そこでも「共存」が課題になっている。

その点からも、この空気の価値化の議論は広く深いことを忘れずに、取り組んでいくべきことなのだと思うのです。

読書案内

「歴史社会学」は、もともと一九三〇年代から文化社会学・知識社会学の一形態を指すものとして使われていた用語だったが、一時期の流行のあと一九七〇年代まで、世界的にも忘れられていた。アメリカでも行動主義や構造機能主義やシンボリック相互作用論の主流化に対抗するなかで、七〇年代から比較歴史社会学などが統治構造の分析において発展してくる。日本でも、欧米における社会史の流行の紹介と、中世史などの領域での新たな動きが刺激となって、一九三〇年代とは異なるかたちで歴史社会学が再構築される。そのあたりの流れについては、佐藤健二「「近代」の意識化」『読書空間の近代』（弘文堂、一九八七年）や『歴史社会学の作法』（岩波書店、二〇〇一年）などで論じており、現代的な拡がりについては赤川学・祐成保志編『社会の解読力〈歴史編〉』（新曜社、二〇二二年）が参考になるだろう。「歴史」が「たし算」ではなく「かけ算」としてあることを私が学んだのは「すべての歴史は現代史である」としたE・H・カーからではなく、「歴史は均質で空虚な時間ではなく、現在に満たされた時間を場所とする構築の対象である」と説き、だからこそわれわれは歴史を必要とすると語ったベンヤミンからである。

「価値意識」論については、見田宗介『価値意識の理論』（弘文堂、一九六六年）が概観を得るのに役立つ。この価値論の前提にある人間の欲求・欲望については、真木悠介『人間解放の理論のために』（筑摩書房、一九七一年）が徹底して論じており、未来の共有にとって有効なのは、それが近い未来に実現可能なのかそうでないのかの判断ではなく、ただほんとうにだれもに望ましいものなのかという基準だけだという洞察は鋭い。見田宗介＝真木悠介の仕事の全体の理解については、佐藤健二『真木悠介の誕生』（弘文堂、二〇二〇年）や、『思想』二〇二三年八月号の特集が論じている。

空気の歴史をどう記述し分析しうるかについて、柳田国男『明治大正史 世相篇』（朝日新聞社、一九三一年）の実験は考えるヒントになろう。ただすこし令和の時代に読む困難もあるので、最近の新訂校注版（KADOKAWA、二〇二三年）をおすすめする。水を素材とした歴史分析としては、ジャン＝ピエール・グベールの『水の征服』(パピルス、一九九一年)がユニークな試みだが、同じような該博さと周到さにおいて空気を綿密に論じている作品はまだない。物質としての空気だけでなく、山本七平『空気の研究』(文芸春秋、一九七七年)、冷泉彰彦『「関係の空気」「場の空気」』(講談社、二〇〇六年)、鴻上尚史『「空気」と「世間」』(講談社、二〇〇九年)などが論じる、思想・人間関係の議論への目配りも、価値をトータルに考えるうえでは必要である。そうした拡がりを踏まえたうえで、近森高明「エアコン」『ネットワークシティ』(北樹出版、二〇一七年)などの社会学者の分析や、渡辺光雄『窓を開けなくなった日本人——住まい方の変化六〇年』(農山漁村文化協会、二〇〇八年)などの具体的な空間分析を位置づけるべきだろう。

第3講

空気・空間・空気感

川添善行

かわぞえ・よしゆき●東京大学生産技術研究所准教授。空間構想一級建築士事務所。一九七九年生まれ。建築意匠、地域計画。東京大学工学部建築学科卒業、デルフト工科大学留学、東京大学大学院工学系研究科博士課程単位取得退学。博士（工学）。著書に『ＯＶＥＲＬＡＰ』（鹿島出版会）、監訳書に『ＥＸＰＥＲＩＥＮＣＥ』（ハリー・Ｆ・マルグレイヴ著、鹿島出版会）など。

はじめに

石井剛先生から、空気について話してくださいとのご依頼を受けまして、すぐに「はい」とは答えたものの、準備している間に、とても本質的なことを考えなければいけないテーマだなと思いました。どのような結論になるかは、私自身も、わからないまま話し始めますけれども、一緒に楽しんでいただけたらと思います。私は、東京大学生産技術研究所という、工学の分野全般を扱う研究所の准教授です。また、設計事務所での活動もしており、一般に建築家と呼ばれる仕事もしています。

建築家というのはよくわからない仕事で、私自身は一級建築士という国家資格を持っていますが、建築士資格を取ったからといって建築家になるわけでもありません。建築士になるためには試験があるのですが、建築家は特に資格があるわけでもなく、いつからか、その人は建築家と呼ばれるようになります。おそらくその人を代表する「自分の仕事」ができると、そう呼ばれるのかもしれませんが、建築家の場合は、全部自分で造っているわけでもありません。もちろん図面は描きますが、私一人で全部描くわけではなく、例えば設計事務所で一緒に仕事をしている人が描いたりもします。また図面を描くだけで建物ができるわけではなく、施工する人も必要です。さらに言うと、建物が完成しさえすればよいわけではなく、それを使っている人がいて初めて建物には意味が発生するので、できた建物が全部、自分のクリエーションの中にあるかというと必ずしもそうではありません。そうした少し不思議な仕事が建築というものなのだと思います。

空気と空間

建築の中は全部空気ですから、物理的な意味での空気をコントロールしているのは建築であるとも言うことができます。日本人だと、大体、一日の九〇%くらいの時間は室内などの何らかの人工環境の中にいます。例えば、今日私たちがいるのもホールの中ですし、移動する時は電車やバスの中にいます。一日の九〇%が室内だとすると、残りの一〇%は人工環境の外です。一〇%というと、一日なら二時間半になります。実際には二時間半も人工環境から離れて外にいる人は多くないはずです。さらに、都市も人工環境ですから、都市に住んでいる人は、一日中人工環境の中にいるとも言うことができます。

そう考えると、物理的な意味で、空気をつくっているのは建築家だと言うこともできます。建築に携わる人は空気についてどのようなことを考えているか、空気というテーマを考えることで環境をどう良くできるかというところから、お話ししていきましょう。

空気に関する色々なファクターは、皆さんになじみのあるものばかりだと思います。温度や湿度だけでなく、最近ではコロナウイルス感染症との関わりの中で二酸化炭素の濃度が注目されました。このように指標化しやすいものが空気であり、世界中どのような場所に行っても、同じような指標で評価することができます。一方で、空気を扱うとはいえ、根源的に建築家が扱っているのは空間です。

空気を通じて空間をつくっているとも言えますが、空間をどのように操作するかが建築家のテーマです。もちろん、図面に描いているのは床であり、壁であり、天井です。物体の大きさや素材をコントロールすることが建築家の役目ですが、物体を作るのがゴールではなく、その物体によって生まれる空間を、どのようにつくるかが職能であり、特技でもあります。空間を扱う職能は他にあまり存在しないと思いますが、それがおそらく建築家のオリジナリティーであり、立ち位置の特殊さをつくっている理由なのかなと思います。空間にもいくつかのファクターがあります。例えば空間の高さや幅、大きさ、色もあります。素材や音や匂いなども空間の要素であり、それらを総合的に扱うのが建築であり、建築家です。

私は、空気を指標化することの延長として、空間をどのように評価するかという研究をしています。二〇〇〇年代以降、脳科学の分野の発達が進みました。私たちは美しさというものを根源的に評価の対象にしますが、美しさはどうしても人によって評価が違います。例えば、建築の演習や講義で、学生さんが建物の模型を作って提案をしたときに、先生が「うーん、これは美しくないね」とか「これは美しいね」と一方的に言うことが、私には違和感がありました。ですから、もう少し根拠のある評価をしたいなと思っています。最近は脳の反応をよりカジュアルに、簡易な計測器で測れるようになってきましたので、コンピュータの中で色々な空間を再現し、それを被験者の方に見ていただきながら、脳の反応を通じてもう少し根源的に人間の反応そのものをモニタリングすることで、恣意的なものではなく、良い・悪いの評価ができるようにする研究を行っています。

さらに、小屋のようなものの中で三次元的な空間を再現して、脳波を測定していきます。素材や明るさを変えたりするのですが、例えば、日本人は木質の空間や畳の空間などを比較的好みますが、出身が違うと、もう少し石張りの空間を好むこともあります。空間的に良い悪いと思うものと、その人が持っている文化的な刷り込みには密接な関係があり、どのようなルーツの人にとっても良いと思える空間があるのか、それとも、やはり空間の好みはその人が育ってきた環境や空間的な文化に基づくのか、こういったことも現在の研究の課題です。

脳波計の反応とアンケートの評価を比べることもあります。アンケートで「いい」と答えたものに対して必ずしも脳がポジティブに反応するわけでもないですし、逆に「あまり好きじゃない」と言ったものに脳がネガティブに反応しているわけでもないことが、少しずつわかってきまして、実際の主観的な評価と生態的な評価のずれにどのような意味があるのか、ということについても研究していきます。日本医科大学の李卿先生が森林浴の研究をずっとされていて、森林浴をすると人間の体にどのような反応があるかということを明らかにしています。そういう先生がたとも時々ディスカッションをさせていただいたりしながら、環境が人間の生態にどのくらいのインパクトを残し得るのかということを探っています。

空間評価の実験をするにあたって、これまではCGを使って空間を再現していたのですが、やはりモニターで見るのと実際の空間で体験するのにはまだ差があります。なぜ差が起こるかというと、両眼視差です。両目で見る人は、物の奥行きを右目と左目の角度の違いで測定しているため、実際の空間だと奥行き感がわかるのですが、CGでやったものはモニターが平面ですので両眼視差が生まれません。そこが大きな違いで、実際の空間の中で体験してみると、どうやら、空間の大きさや天井の高さなどが評価に影響する主要な要素として卓越しそうであることが明らかになってきました。

設計事務所では、プレゼンテーションの時などに、コンピュータで非常に再現性の高い動画を作りますが、空間の奥行きや立体感はまだまだCGでは再現できません。コロナの間はオンラインで動画を確認したり、三次元のモデルなどをいじりながらテレワークをしていましたが、やはり、空間がどうしてもわからないという悩みに直面しました。一年ぐらい前から、やはり模型だよねということで、コンピュータを使いつつ大きな模型を作って、それを実際に覗いて見ては議論するということをやり続けています。

空気は、どちらかというと定量的に指標化しやすく、同じような指標で世界中のものを統合することができる一方で、空間にはまだまだわからないことがあります。一棟の建築をつくるのに、何個も模型を作っては検討を重ねるという愚直なやり方しか、今のところ私にはわかっていません。そういう意味では、空間はまだまだ定量化しにくいと感じています。先ほど、脳科学を使った研究も紹介しましたし、私自身も定量的な評価は科学的でありたいと願っていますが、まだまだ定性的で個別的なところがあるなというのが、正直な私の実感です。

私がよく行くウナギ屋さんには空間清浄中という表記のされた機械がありまして、ウナギを食べながら、これは何を意味しているのか、空気は清浄できるのか、ということをずっと考えていました。これまで話してきたとおり、空気は指標もありますから、ある物質の濃度を下げたり、湿度や室温を上げ下げすることは、定量的にコントロールできますが、空間を清浄するとはいかなることなのか考え込んでしまったのです。おそらく多くの方は、空気と空間の違いをあまり意識せずに使っていると

東京大学総合図書館別館 ©Shigeo Ogawa

思いますが、今日の私の話を聞いて、この違いについて少しでも意識的になっていただけたら、講義は大成功だと思います。

地下で揺らぐ水面の光

ここからは具体的な建築の事例でお話しします。およそ百年ぶりの東京大学図書館改修の話です。一九二三年の関東大震災で旧帝国大学図書館が焼失した後にできたのが、現在の総合図書館です。この図書館の改修に当たっては、古い図面を全部確認し、何がオリジナルの要素なのか、何が後から変更されたものなのかなどを、全部仕分けしました。仕分けに基づき、オリジナルなものはできるだけ残そうだとか、その後のプロセスの中で何度も変更されてきたものは思い切って交換しようなどの方針を決めて、この建物に積層する時間の価値を尊重しながら改修をしました。

一方、新築した総合図書館別館は、既存の総合図書館の正面広場の地下につくる難しいプロジェクトでした。広場の真ん中に噴水があるのですが、よく調べてみると、関東大震災を乗り越えて復興への願いを込めてつくられたことがわかり、この場所に噴水を残すことにしました。そして、残すからには、これを上手に次の建築のモチーフに使えないかと考えました。この噴水は、元々は水深が数メートルもあったのですが、新しい建築をつくるにあたり、厚さが八〇ミリある厚いアクリルに置き換え、新たな水面としました。その結果、噴水の水面越しに地下に光が落ちてくる空間をつくることができました。上の水面が風で揺れると、下に落ちてくる光が揺らぎます。地下空間で静かな空間なのですが、そこに水面の揺らぎだけが、光の動きとして入ってくるというような状況を生み出すことができ、これも空間をつくる非常に重要な要素となっています。私たち建築家は、光を扱っているとも言えるのですが、特にこの図書館では、このような風で揺らぐ水面の光というのをテーマにしています。一定ではなく、揺らぐ水面越しに入ってくる光ですので、何とも言えない光の濃淡と、その動きのようなものがずっと繰り返されており、地下にいても、どこか自然の動きを感じられる場所になっています。

議論を喚起する空間

別館の平面形状は円形ですが、およそ八〇〇平方メートルのワンルーム空間です。皆さん、マンションで一人暮らしをする場合、約一六―一八平方メートルくらいのワンルームが一般的かと思いますが、それの五〇倍ぐらいの広さを持ったワンルームです。ただ、仕切りがないと、どうしても人は居場所を見つけにくいので、広い空間の中でどうやって居場所をつくるかが非常に重要なテーマとなります。ここでは、細い鉄の管が、視線を微妙に通す間仕切りの役割にもなっています。このパイプの中には水が循環しており、例えば、夏の暑い時などは、冷たい水を流すことで放射熱が来ますし、寒い冬も、中に暖かい水を通すと、その表面の温度で空気をコントロールできます。床のカーペットからは、ゆっくりと空気が吹き出してくるような仕様にしており、下から上に体感できないくらいのスピードでゆっくりと空気が動いて空気の循環をつくっています。私自身がエアコンから吹き付けてくるドラフトがすごく苦手なので、利用者がそのような体験をせずにすむような空気の動きを生み出しています。

古典的な図書館などには、本がずらっと並んでいて壮観なものがあります。かつて印刷技術がなかった頃は、書籍は本当に貴重なものですから、本がたくさんあること自体が明確なメッセージを持っていました。しかし、現代では、もちろん本は大切ですけれども、昔とはだいぶ意味が変わってきていいます。いま、本当に知的な場所とはなんでしょうか。この問いをふまえて、私は、議論の痕跡を空間化させることを考えました。内部の円弧状の壁面はすべてホワイトボードになっていて、図書館ですが本は一冊もありません。書籍は今も変わらず非常に大事なメディアであることは、もちろん事実としてありますが、世の中の問いに対するすべての答えが本の中にあるわけでもありません。東京大学には色々な学部や専攻があります。専門の垣根を超えてテーマごとに集まり、議論を重ねる過程の中から答えを見つけていくことが非常に大事な時代にこれからはなると考えています。しかしながら、大学の中に議論の場はなかなかありません。今日の講義室も、特定の誰かが前に立ち、皆さんはそれを聞いていなければいけないという、一方的な関係を前提とした空間形式です。環境は人の行動に直接的な影響を与えます。残念ながら、こういう空間の中では対等な対話はなかなか生まれにくいと思います。だからこそ、もっとフラットで活発な議論を喚起する空間が、今こそ大学には必要ではないかと思いました。円形とは対等さを伝える幾何学です。歴史的な経緯もあり、中心には噴水があるわけですから、現在の総合図書館前の空間は色々な場所がパラレルになっており、すべての場所にヒエラルキーがなくなる空間の形式を生み出しています。

また、音も空間的には非常に重要なテーマのひとつです。私の研究室では、町並みの特徴を音で測れないかという研究を以前にしていたことがあります。仮説として、近代化とは町の吸音率を下げることなのではないかと考えていました。昔の町並みは、木でできた茶色い町並みです。障子のような建具も柔らかい素材でできており、総じて吸音率が高いものが多くありました。しかし、近代化の過程で増えたコンクリートやガラス、鉄などの硬い素材は音を反射します。その結果、近代化された都市は、音の吸音率がどんどん低くなっています。そういう空間にいると、音がシャープに跳ね返ってくるので疲労感が蓄積されます。

図書館では、音が非常に大事なファクターですので、吸音のあり方を意識しました。目指していたのはカフェのような音響空間です。カフェの空間が良いのは、がやがやしているけれども、隣の人の声が、あまり意識されないからではないかと思います。遠くの音の明瞭さは低く、しかし全体的に、

総合図書館別館地下の機械化書庫スペース ©Shigeo Ogawa

多少ざわざわする状態をつくりたいなと思いました。それが、空間内の活動を活発にすることにつながるのではないかと思います。音がどれくらい空間に残るかという残響時間の快適さの指標があり、〇・八秒、つまり、ある音が生まれたら、〇・八秒で音が消えていく空間を目指しました。しかし、それを実現するためには、色々な物で音を吸収していかなければいけません。八〇〇平方メートルのワンルームですので、吸音できる所が少ないのですが、それぞれの周波数ごとにどのくらいの素材をどのくらい使ったらいいかを全部計算し、この円形の中の様々な場所に色々な吸音素材を入れて、結果的には〇・六四秒と目標を大幅にクリアしました。この〇・六四秒とはすごい音の吸収率で、おそらく日常的には経験したことがないぐらいに吸音する空間です。その中で、真ん中の噴水の光が動いていたりすると、何か五感が分断されたような、聴覚ではあまり情報が入ってこないけれども、視覚的に光が動いているという、少し不思議な体験をすることができます。

地下水に浮かぶ書庫

ライブラリープラザと呼ばれている噴水の下の空間のさらに下には三層の大きな書庫があります。機械化書庫と呼ばれる、機械が本の出し入れをする書庫で、三〇〇万冊の本を収蔵することができます。敷地の隣には三四郎池があり、広場のレベルから一〇メートルくらい下に水面があります。つまり、地下五〇メートルにあるこの書庫は、ほぼ地下水に浮いていることになります。地下水の中にある地下構造物ですから、防水のあり方が非常に重要で、建物の周囲をぐるっと六ミリの鉄板で囲んでいます。物体は、ずっと水中にあると腐食しません。もっとも鉄が腐食するのは、塩水と空気がかわるがわる当たる箇所です。地下の水位が高い所でずっと水の中に漬かっていると空気が当たらないので腐食しないのです。例えば、昔は松を杭として使っていましたが、古い建物などでは一〇〇年以上前の松杭がみつかることもあります。一方、塩水と空気が代わるがわる当たる所での腐食のスピードは、年間〇・〇三ミリといわれています。〇・〇三ミリ×二〇〇年の計算で、防水用鉄板の厚みを六ミリとしました。ただ、ここはもちろん塩水ではありませんから、実際には腐食はもっと遅いと推測しています。

六ミリの鉄板の内側には、厚みが二メートルから二・五メートルのコンクリートの壁があります。もはや、建築のスケールというよりも、ダムのようなものです。これをつくろうとすると何が起こるでしょうか。コンクリートは、セメントの水和反応を利用して熱を発生しながら硬くなっていき、水酸化カルシウムになります。その過程で出る熱は、通常の建築物であれば問題ないのですが、二メートルぐらいの厚みのコンクリートを打つと、それだけで非常に大きな熱量になります。熱が発生すると物体は膨張し、冷めると収縮します。コンクリートの場合は膨張しながら硬化した後、冷めて収縮するときにひびが入ってしまいます。そのひびは、通常の建物では問題にならないレベルなのですが、今回の場合は地下水がひびを通して侵入してしまうと大きな悪影響があります。そのため、セメントの配合を調整して、夏は熱をあまり発生させないセメントを使いました。冬はある程度熱が出るほうが反応が進みますので、季節によっても配合を変え、その熱でどのくらい膨張するかを計算しながら、躯体をつくっています。

先ほど、図書館の地下の自動化書庫に三〇〇万冊収蔵できる、と説明しました。この中の空気環境は、室温で一八度から二二度、湿度で四五%から五五%を目標にしています。何のための温湿度目標なのかというと、カビ対策です。様々な人が手にとる書籍から完全にカビを除去するのは、ほぼ不可能です。そこで発想を変え、カビが付いていても、活動させなければよいという考え方を取ることにしました。カビが活動しない温湿度が上記の数値です。この温湿度域に空気環境をコントロールしておけば、カビは活動しないので問題ないのです。この自動化書庫の空間は、天井高が一二メートルくらいあり、どことなく荘厳さを感じる、日常にはない空間です。ただ、非常に大きな空間の中の空気を同じ温湿度にするのは、とても難しいことです。暖かい空気は上に行きますし、風が行きにくい所は湿度が高くなってしまうかもしれません。棚は後から配置することになっていましたが、どの位置

総合図書館前の広場 ©Shigeo Ogawa

に棚が来ても調整できるような空調のシステムにしておき、実際の棚の配置に合わせて本棚の間をスムーズに風が通り抜けるような調整ができる仕組みなどを事前に相当計算しており、現在はすでに多くの本が収蔵されています。

無意識とデザイン

総合図書館前の広場の噴水の周りにはベンチがあり、皆さんによく使っていただいています。ところが実は、これは、関東大震災で焼け落ちたはずの旧帝国大学図書館の建物の基礎部分なのです。工事中に見つかったのですが、この基礎がぐるっと噴水を取り巻くようにできていましたので、緊急車両等の動線を妨げないように一部だけ残し、それ以外の部分は広場の舗装の仕上げを変えて、元々の形が分かるようにしています。震災後に図書館を建てなおす際に、ここに前の図書館の基礎があったので、その図書館の基礎を避ける位置に噴水をつくったのでしょう。そして、基礎を避けられる位置に噴水が設計されたことで、図書館の中心位置が決まったのだと思います。そして、本郷キャンパスの軸線は、その図書館の中心ラインに揃うように並木が形成されました。つまり、震災で壊れたはずの旧図書館の基礎が、現在のキャンパスの空間的な構造を決めているのです。それが工事中に発掘されて判明しましたので、基礎が元々あった場所から出土したれんがを一つ一つ手で取り外し、工事が終わった後、同じ場所に戻しました。そして、それをベンチとして転用しています。つまり、このベンチは私がすべてをデザインしたわけではなく、以前の図書館の形がつくったベンチだということができます。奥には、私がデザインしたベンチがあるのですが、多くの人が使うのは基礎から生まれたベンチのように思えます。私のデザインしたベンチはすっきりとした形態なのですが、ベンチのためのベンチともいえます。一方、基礎のベンチのほうは、もっと大きく、皆さんあぐらをかいたり、向き合って将棋をしたり、寝転がっている人もいたりして、色々な使われ方をされています。デザインというものは難しくて、ある特定のもののためのデザインをすると、それは特定の使われ方しか喚起しません。しかし、基礎のベンチのほうは、ベンチのためにできた形ではないからこそ、ベンチ以外の使われ方をしています。デザインは、必ず未来のためのもので、未来の可能性を広げるためにあるのですが、時々、私たちデザイナーは、ある目的のことばかりを考えるあまり、想定されていなかったものを無意識に捨ててしまうことがあります。私は広場に来るたびに、デザインの無意識的な限定作用に気を付けなければという自戒を込めてこの空間を見ています。

空気・空間・空気感

空気の話をし、空間の話もしましたが、本日もう一つお話したいことは、空気感についてです。空気感は、実は建築家にとって一番大事なことなのではないかと思っています。気配という概念に近いかもしれませんが、気配を感じる時というのは、間違えていることは意外と多くなく、例えば微妙に音がするとか、あちらのほうに何か熱源がありそうとか、物の配列がいつもと微妙に違うとか、複雑で断片的な情報を瞬間的に判断するところに、人は気配というのを感じているという論考もあります。気配は、まだ確実に同定できている認知反応ではないが、下級なものでも低級なものでもなく、何か、その認知のあり方に重要な意味があるのではないかというような議論が行われています。また、お化けも、単にすべてがフィクションというわけでもなく、何となく、誰かがそこに何かを感じているのだと思います。何となく曖昧で漠然とした気配や空気感を形にしようと努力した結果、お化けという説明の形を与えようとしたのではないでしょうか。人間は、視覚だけではなく、聴覚や触覚など色々な感覚を統合しながら世界を判断しているはずなのですが、最近は五感が分断された世界になってきています。電車の中で周りを見渡しても、みんなイヤホンをして、画面を見て、何かを聞いたり、ゲームをしたりしています。このように五感が分断されている社会に、私たちは入り込んできています。そのような分断された五感の世界では、気配や空気感というものが、どんどん感じにくくなっているのではないかという不安があります。建築学の観点からいうと、この気配や空気感こそが近代の空間が失ってきてしまったものの一つなのではないかと考えられます。近代建築は、カメラや印刷などのメディアの発達と一緒に形成されてきました。ガラス張りの見通しの良い空間を近代建築は目指してきたのですが、それはつまり、視覚を重視した空間であって、先ほどから話してきた五感を統合した空間、もしくは空気感というものとは全く異なるものだといえます。私たち建築家、特に私の世代の建築家にとって、このような近代の空間をどう乗り越えるかということがテーマであり、視覚を超えた空気感をつくりだすことが重要です。

最近はリノベーションが一般の方にも認知されるようになってきました。古民家カフェなどが旅行や観光の目的地の一つにすらなっています。私たちからすると、そのような建築用語が広く認知されるのは不思議な現象です。古民家カフェや古民家レストランは比較的人気がありますが、私たち建築家は、何故そのような現象が起こっているのか、ということを冷静に考えなくてはなりません。誰が設計したか分からない木造の建物でも、少し中に手を入れると気持ちよい空間になります。それは、私たちが新築でできなかったこと、つくれなかった価値を皆さんが見出すことができるからなのかもしれません。リノベーション建築のほうが好きだという人もたくさんいると思います。私たち建築家が、そう思ってもらえる建築物を新築でつくってこなかったから、リノベーション建築が現在人気になっているのかもしれません。ここで大切なのは、他者性ではないかと考えています。先程お話ししたベンチのエピソードとも関連しますが、新築すると何かある特定の価値観に染まった空間になることもあります。古い建物のリノベーションは、前につくった人がいて、そこに後から新しいものが加わり、その調和が心地よさを生んでいたりします。そのような設計しきれていない、他者性が入ってきているという状態が生み出す空気感は非常に大事だと思います。設計という、未来を決めていくプロセスの中に、どのように他者性を入れ込むかという点で、リノベーションが持っている空気感がヒントになると感じています。

和歌山の加太という高齢化が進んだ地域で、数年前から、研究室の分室を開いています。加太では一戸ずつ、少しずつ建物を改修しながら町を変えていくということを行っています。少しずつ建物を変えていくことで町を変えられないかと考えています。

私たちは現代において、空気はある程度コントロールしきれそうです。空間も、試行錯誤しながら、日々生み出してきています。そして、その先にある空気感が私たちの究極の目的です。空気感というのは、文化的な刷り込みによっても一人一人感じるものも違うかもしれず、五感を総動員して感じられるものでしょう。私たちの建築という分野は基本的には物理的なものしか扱えません。私たち建築家が、空気を扱う、空間を扱う、そして、その先に空気感というものを扱うとしたならば、物理的な指標の先に、定量化できないものをどう組み込んでいくかというところが、私たちの目標になっていくでしょう。

質疑応答

A：駒場キャンパスに在席しているので、本郷にはあまり行かないのですが、噴水の下が図書館であることを初めて知りまして、衝撃を受けました。近代の建築が視覚に頼りすぎてしまっているというお話がありましたが、空気感の評価や価値判断というところに、どのようにアプローチするのかをお聞きしたいです。

川添：リノベーション人気の話もしましたが、対極にありつつも評価や判断の軸として参考になるのは、やはりネットやSNSです。SNSで有名になる建築などもありますが、私から見ると、それはやや造形的に過ぎるかなと思います。小さな画面で見た時に、オブジェクトとしては目を引くものにはなっているのですが、中で体験した時に、ほんとにいい空間になっているかというと、それはまた別の話です。両眼視差の話もしましたが、空間の体験と、SNSで注目されやすいものというのは全く違うもので、「映えない建築」研究というのもあるのかなと思いました。映えないけれども、みんなが行きたくなる場所というのは、おそらく視覚ではない何か、もしかしたら、それは空気感のようなものをまとっている可能性があります。「映えない」けれども、そこに空気感があって人が集まっているという価値を大切にしたいと思います。

B：空気感は、五感を総動員して感じるものだとおっしゃっていましたが、空気感を建築にどのように生かしていくかについて、お聞きしたいです。

川添：今、関心があるのは、中と外の間の部分、日本の家で言うと縁側のようなところです。半外部空間、または空間が重なり合っている場所と呼びますが、風が吹いたり、暑くなったり、寒くなったりという、そういう変化がある場所と、内部のコントロールされた空間との間の部分が、どのくらい面白くなれるかということに、個人的には興味があります。そこを深掘りしていくと、変わり続ける空間みたいなものがつくれるのではないかと思っています。もしかすると、それは五感をもっと喚起するような場所になるのかもしれません。

読書案内

本講の内容に興味を持った方に関連する書籍をいくつかご紹介します。まず、生命科学がデザインをどのように変革するか、というテーマについては、『EXPERIENCE エクスペリエンス 生命科学が変える建築のデザイン』（ハリー・フランシス・マルグレイヴ［著／文］川添善行［監訳］兵郷喬哉、印牧岳彦、倉田慧一、小南弘季［訳］、鹿島出版会、二〇二四年）があります。F・マルグレイブという世界的な建築理論家の書籍を私が監訳しました。建築と生命科学の研究が交互に紹介されるおもしろい書籍で、近代建築への批判も明確にされています。また、本文の最後に述べた気配については、『OVERLAP オーバーラップ 空間の重なりと気配のデザイン』（川添善行、鹿島出版会、二〇二四年）という書籍の中で書いています。これは、私の大学院での講義を元にした書籍です。ちなみに、この二冊は、同時に出版したのですが、それぞれに個別性を持たせつつ、共通性も持っている、という装幀のデザインにもなっています。

また、本文中に紹介した森林浴の研究については、李卿『新版　森林浴』（まむかいブックスギャラリー、二〇二二年）にまとめられています。世界中で翻訳されている書籍ですが、非常に読みやすく最新の研究について理解を深めることができます。

ペーター・ツムトア［著］、鈴木仁子［訳］『空気感（アトモスフェア）』（みすず書房、二〇一五年）は、文字通り空気感をテーマに、世界的な建築家である著者が自身の体験を振り返りながら、デザインの中で気をつけるべき点について考察しています。

II

「価値化」が創出する新しい価値観

第4講

現代アートと空気
可視化と価値化

山本浩貴

やまもと・ひろき●実践女子大学文学部美学美術史学科准教授。一九八六年生まれ。文化研究、現代美術史。一橋大学社会学部卒業、ロンドン芸術大学修士課程、博士課程修了。著書に『現代美術史——欧米、日本、トランスナショナル』(中央公論新社)、共編著に『この国(近代日本)の芸術——〈日本美術史〉を脱帝国主義化する』(月曜社)など。

文化研究者の山本浩貴と申します。アーティストとの共同制作や、キュレーションの活動も行っています。普段は、石川県の金沢美術工芸大学で美学と近現代美術史を教えています（二〇二四年から実践女子大学文学部美学美術史学科）。「三〇年後の世界へ」というテーマの、この学術フロンティア講義で、「現代アート」についてお話しできることを嬉しく思います。なぜなら、現代アートは、来るべき世界に思いを巡らすために大切な、「想像力」に深く関わる実践だからです。

二〇二〇年度の学術フロンティア講義が収録された『私たちはどのような世界を想像すべきか』では、人類学を専門とする田辺明生さん（東京大学大学院総合文化研究科教授）が、「人新世」という新しい時代区分に言及しています。人新世とは、人間活動が地球環境に決定的な影響を及ぼすようになった時代区分を表します。田辺さんは、小説家アミタヴ・ゴーシュの言葉を引きながら、気候危機は単に科学や経済の問題であるだけでなく、「文化の危機」、「想像力の危機」であるという考えを示します（田辺明生「「人新世」時代の人間を問う——滅びゆく世界で生きるということ」東京大学東アジア藝文書院編『私たちはどのような世界を想像すべきか——東京大学 教養のフロンティア講義』トランスビュー、二〇二一年、二二五頁）。

現代アートの定義

では、「現代アート」とは何でしょうか。通常、「現代美術」は広い定義で「二〇世紀以降の美術」、狭い定義で「第二次世界大戦以降の美術」を指します。一般に「現代美術」を意味する英単語「contemporary art」のカタカナ書き（「コンテンポラリー・アート」）は、「一九九〇年代以降の美術」を指すことが多いです。その背景には、グローバル化が進み、日本美術が欧米から強い影響を受けるようになった状況がありますが、その詳細を知りたい方は、「読書案内」で紹介する文献を読んでいただければ幸いです。

マルセル・デュシャンの《泉》

現代アートの特徴を考えるうえで、無視することのできない作品のひとつとして、一九一七年に作られた、マルセル・デュシャンの《泉》があります。この作品は、レディメイド（既製品）の男性用小便器を、向きを変えて床、あるいは台座に置いたものです。実質的にデュシャンの「手」が入っている部分は、側面に記された「R. MUTT 1917」という署名のみです。

作品側面に小さく刻まれた（しかも、お世辞にも達筆とは言えない）署名以外、作家の手が加えられていないこの作品を、どう思われますか。「現代アートは、よくわからない」という声が漏れてきそうですが、それは一般的な感覚だと思います。事実、デュシャンは当時、出展料を払えば誰でも展示が許可されるアンデパンダン形式の展覧会に《泉》を出そうとしましたが、審査段階で出展を拒否されます。その理由はまさに、「これはアートではない」からでした。

しかし現在、デュシャンの《泉》は、美術史において現代アートの起源のひとつを構成する「優れた」作品として高く評価され、現代アートの歴史を語るうえで最「重要」作品の筆頭に挙げられます。

このことは、芸術論のなかで「優れた」あるいは「重要だ」とされる作品や作家、出来事は、常に時代と共に変化することを証明します。

現代アートの特徴

では、デュシャンの《泉》は、現代アートの歴史において、どのような意味で「重要」とされているのでしょうか。ここでは特に、現代アートに固有の特徴と関連する、ふたつの観点から説明します。

ひとつ目は、自己言及性です。この用語は、自分自身について問うことを意味します。すなわち、ここでの文脈では、「アートとは何か」という問いです。デュシャンの《泉》が、当時の美術界から、「これはアートではない」という烙印を押されたことを思い出してください。

デュシャンは、既製品を自作に用いることで、「アート」と「そうでないもの」の境界を揺さぶりました。美学者のアーサー・C・ダントーは、デュシャンのレディメイドが投げかける課題を、次のように表現します。「アートの境界線はどこにあるのか。何でもアートになりうるのであれば、アートをそれ以外の一切から区別するのは何か。」(アーサー・C・ダントー『アートとは何か――芸術の存在論と目的論』佐藤一進訳、人文書院、二〇一八年、三六頁)。

現代アートのもうひとつの特徴は、反形式主義です。反形式主義とは、どのような考えを表すのか、ここでもダントーを手がかりに考えます。彼は、「デュシャンの貢献は、アート作品から美学を引き算したこと」だと述べます(ダントー『アートとは何か』三八頁)。《泉》を鑑賞して、その色や形(だけ)

に魅力を感じる人はかなり少ないでしょう。その代わり、「既製品をアート作品に用いる」彼のアイデアが革新的だと高く評価されているのです。つまり、この作品では、目に見える形式より目に見えない内容に重心が置かれています。こうした側面は、一九六〇年代アメリカを中心に隆盛する「コンセプチュアル・アート」と呼ばれる流れにつながります。

当然ながら、現代アートの実践の全てが、自己言及的で反形式主義的というわけではありません。しかし、これらふたつの点は、多くの場合において、現代アートの際立った特徴を形成しています。

クレメント・グリーンバーグと芸術のモダニズム

自己言及性と反形式主義の出現は、芸術における近代から現代への移行を示してもいます。どの芸術家にとっても、その人が生きていた時代は「現代」だから、あるゆる芸術は「現代アート」ではないかと質問されることがあります。ですが、近代美術と現代美術の区分は、くっきりと二分できないとしても、ある程度は画定可能です。

一九〇九年生まれのクレメント・グリーンバーグという美術評論家は、近代美術批評の代表的人物です。グリーンバーグは戦後も、コンセプチュアル・アートやポップ・アートといった現代アートの登場に対して、一貫して批判的な態度を保ちました。戦後に発表された彼の代表的論文「モダニズムの絵画」の内容を分析しながら、現代アートと対照的な近代美術の特徴を抽出してみます。

提示され明らかにされねばならないことは、芸術一般においてのみならず**各々の個別な芸術において、何が独自のものであり削減し得ないものか、**であった。各々の芸術は、それ自身に特有の営為を通じて、それ自身に特有であり独占的である効果を限定しなければならなかった。こうすることによって、各々の芸術は、その権能の及ぶ領域を狭めることになったのは確かだろうが、しかし同時にかえっていっそう安泰にこの領域を所有することになったのであろう。

（クレメント・グリーンバーグ『グリーンバーグ批評選集』藤枝晃雄編訳、勁草書房、二〇〇五年、六四頁、強調筆者）

ここでは、「各々の個別な芸術」、すなわち、絵画、彫刻、写真、映像といった異なる媒体における独自の性質を突き詰めることが奨励されています（「媒体」は英語では「メディウム」で、芸術家の頭にある不可視のアイデアを可視的な作品に変える手段を意味します）。言い換えれば、絵画を絵画ならしめ、彫刻を彫刻ならしめる何かのことです。この「何か」は媒体特殊性と呼ばれます。グリーンバーグはこう続けます。

各々の芸術の権能にとって独自のまた固有の領域は、その芸術のミディアムの本性に独自なもののみと一致するということがすぐに明らかになった。**別の芸術のミディアムから借用されているとおぼしき、または別の芸術のミディアムが借用しているとおぼしきどんな効果でも、各々の芸術の効果からことごとく除去することが自己‐批判の仕事となった。**それによって各々の芸術は「純粋」

になり、その「純粋さ」の中に、その芸術の自立の保証と同様、その質の基準の保証が存在したであろう。「純粋さ」とは自己－限定のことを意味し、また**芸術における自己－批判の企てとは徹底的な自己－限定のそれとなった**のである。

ここでは、それぞれの芸術の媒体特殊性を徹底的に追求することで、それを「純粋」なものにしていくことが近代美術の使命であることが力説されています。そして、「純粋さ」のうちにこそ、「その芸術の自立」、さらには「その質の基準」が「保証」されているとグリーンバーグは言うのです。彼は、こうした使命を「徹底的な自己－限定」と表現しています。

近代美術と現代美術の違い

芸術のモダニズムを象徴するグリーンバーグの考えから、先述した現代アートのふたつの特徴と対照（対称）的な、近代美術のふたつの特徴が看取できます。

ひとつ目は媒体特殊性です。これは、それぞれの芸術が有する固有の性質を重要視する考えです。媒体の形式に囚われない反形式主義を標榜する現代アートと対照的です。ふたつ目は「徹底的な自己－限定」（グリーンバーグ）です。この特徴は、「アートとは何か」を常に自問し続けながら、自らを拡張していく現代アートと正反対です。グリーンバーグが奨励した「徹底的な自己－限定」を通した芸術の「純化」は、「媒体特殊性」の探究を通してなされます。ですから、これらふたつの特徴は密接に関連しているのです。

これらふたつの特徴を踏まえて、近代美術と現代美術の違いを「芸術の自律（自立）性」に対する態度という視座から見通すことができます。グリーンバーグの高弟マイケル・フリードは、師と同様、芸術のモダニズムの強力な擁護者です。フリードは、彼が「リテラリズムの作品」として非難するミニマル・アートを次のように評します。「かつての芸術においては、「作品から受け取られるべきものは、厳密に〈その〉内部に位置している」のに反して、リテラリズムの芸術の経験は、**ある状況における客体の経験である**――それは実質的には定義上、**観者を含んでいる**のである」と（マイケル・フリード「芸術と客体性」川田都樹子・藤枝晃雄訳、『モダニズムのハード・コア――批評空間臨時増刊号』浅田彰・岡崎乾二郎・松浦寿夫編、太田出版、一九九五年、七一頁、強調原文）。

フリードの発言には、逆説的に芸術の自律（自立）性への信奉が露呈しています。モダニズム以降の現代アート、およびそれを論じるアカデミックな言説は、反対に芸術の自律（自立）性を疑い、その解体を試みます。例えば、「ソーシャリー・エンゲージド・アート」や「コミュニティ・アート」といった、社会に開かれた近年の現代アートの流れの代表的論者であるグラント・ケスターは、「最近のコラボレーション型芸術実践の最も決定的な特徴のひとつは、芸術実践としての美的自律性の再考である」と強調します（Grant H. Kester, *The One and the Many: Contemporary Collaborative Art in a Global Context*, Durham and London: Duke University Press, 2011, 14）。

こうして、芸術の自律（自立）性という閉鎖系から脱し、現代アートの実践はより広い社会的文脈と接続するようになりました。加えて、近代以降、さらに複雑化した世界で、現代アート作品の生産と発表は、常に政治的ネットワークの内部に位置づけられている事実があります。一例として、昨今アート界を飛び越えて話題となっている、「ジャスト・ストップ・オイル」の活動があります。

環境保護団体の活動家によりヨーロッパを中心に展開されるジャスト・ストップ・オイルは、ゴッホの《ひまわり》など名画とされる絵画を標的に物理的攻撃を加える運動です。この運動は、国内外で大きな論争を巻き起こしています。ここでは、その是非や手法の有効性は論じません。端的に、次の事実を指摘するにとどめます。それは、欧州の一部の主要美術館の運営が、石油や天然ガス産業に関わる企業からの寄付に大きく依存し、間接的に環境問題の深刻化に関与してきた（している）という事実です。

実際、数年前から、芸術と科学・医学が融合したユニークなウェルカム・コレクションの母体をなすウェルカム財団などが、石油関連会社との関わりを断つようになっています。こうした芸術の外側にある政治的ネットワークとの関係を無視して、「純粋な」美や「真の」芸術的価値について議論することは不可能です。このように、近代以降、現代アートは、その外部の政治・社会的状況と密接に関わり合って進展してきました。

現代アートにおける可視化の力

「空気はいかに価値化されるべきか」という問いに戻ります。現代アートと空気の接点は、どこに見出せるのか。その問いを考えるための事例として、イギリス生まれのアーティストであるマーティン・クリードの《与えられた空間半分の空気》を紹介します。クリードは一九九八年に最初に同作を発表して以来、様々な場所でこれを再制作しています。文字通り、展示空間の空気を詰めた単色の風船で部屋の半分を満たすという作品です。「空気」を扱ったこの作品については、一九九〇年代後半以降のイギリスにおけるコンセプチュアル・アートの復興など、美術史の視点から複数の文脈化を行うことができます。ですが、ここでは、「可視化」という役割に着目して説明します。

クリードの《与えられた空間半分の空気》では、風船という媒体（メディウム）を介して、目に見えない「空気」が目に見える状態に変えられています。つまり、可視化されています。空気があるのはあまりにも当たり前のため、私たちは普段、その存在さえ忘れています。クリードの作品を通して可視化されることで、鑑賞者は空気の存在を改めて意識するようになるのです。

メル・ボックナーさんという、ペンシルベニア州生まれのアーティストがいます。現在八〇歳を超えるボックナーさんは、コンセプチュアル・アートの歴史における重要作家です。

概念を重視するコンセプチュアル・アートは、一般に芸術の「脱物質化」を推進したと説明されます。しかし、美術史家トニー・ゴドフリーは、ボックナーさんは「つねに脱物質化という考え方に嘲笑を浴びせ〔て〕」いたと指摘します（トニー・ゴドフリー『コンセプチュアル・アート』木幡和枝訳、岩波書店、二〇〇一年、二四八頁）。そして、「彼の作品は〔……〕ますますモノ性が強くなっていった」と、ゴドフリーは付言します。

先頃、ボックナーさんの来日時にインタビューをする機会をもらいました（このインタビューは以下の書籍に収録された。沢山遼編『コンセプチュアル・アートのフォーム』ユミコチバアソシエイツ、二〇二四年）。

そのとき、この「脱物質化」についてうかがいました。対話の流れで、脱物質化論者は「脱物質的な」ものと「不可視的な」ものを混同しているという見解で私たちは合意しました。ボックナーさんが、目に見えないものも立派な「物質」であり、芸術の素材であると語っていたのが印象的でした。空気も、そのような素材と考えることができるのではないでしょうか。

それゆえ、コンセプチュアル・アーティストは観念や言語といった目に見えないものを、芸術作品のなかで可視化しました。コンセプチュアル・アートに限らず、現代アートはこうした可視化の力を有します。ここでの「可視化」は視覚だけでなく、聴覚や触覚など感覚全般を広範に含みます。現代アートには、私たちの目に見えにくいものを見えるようにし、私たちの耳に聞こえにくいものを聞こえるようにする力が備わっているのです。

芸術における「価値」とは何か

先ほど、現代アートの文脈で「空気」という言葉を考察しました。続いて、「価値」についてはどうでしょうか。

芸術批評の領域で、「価値」という概念はどう定義されるのか。分析美学の哲学者ノエル・キャロルは、「〈芸術〉批評の本性は、芸術作品の価値づけをすること――つまり、芸術作品のどこに価値があるのか、またどこに注意を払うべきなのかを発見すること、そして、なぜそうなのかを説明することである」と明言します(ノエル・キャロル『批評について――芸術批評の哲学』森功次訳、勁草書房、二〇一七年、六三頁)。このように、一義的には、批評は「価値づけ」を目的とするとキャロルは考えます。

彼はこうも述べます。「(ある芸術作品が価値あるものであるならば)その芸術作品を価値あるものにしているものは、おおむね芸術家がその作品をつくるプロセスで達成したこと、である。よって批評の対象とは、芸術家の達成である。というのも、作品の価値の大部分はまさにそこにあるからだ」(キャロル『批評について』七六頁)。キャロルの見方では、芸術作品の制作過程で実現された、これまでの芸術家が提示しなかった新しい要素が「価値」とされていることがわかります。

しかし、こうした「価値」概念には、アップデートの必要があります。なぜなら、彼が想定する「芸術作品」は、あくまで物理的な物としての静的なオブジェであると読解することができるからです。見てきたように、目に見えないものや手でさわれないものを素材とする現代アートの作品は多くあります。また、昨今の「リレーショナル・アート」や「ソーシャリー・エンゲージド・アート」など、動的なプロセス自体が作品として提示される芸術実践も増えています。

その意味で、キャロルは「作品から受け取られるべきものは、厳密に〈その〉内部に位置している」(フリード)という近代美術の前提を踏襲しています。ゆえに、外部に開かれた「芸術の自律(自立)性」以後の現代アートでは、これとは異なる別の「価値」概念が要請されます。すなわち、ある芸術作品の価値を査定するうえで、それが社会に与えるインパクトや、それが自らを取り囲む政治的領域と結ぶ関係性といった要因を考慮することが必須となります。

「空気の価値化」にあたっても、当然、様々な視点から多角的に評価することが大切になります。現代アートの実践は、まだ私たちに見えていない、聞こえていない、感知できていない事物や物事の側面を開示する力をもちます。そのため、現代アートが宿す、こうした広い意味での「可視化」の力は、適切な「空気の価値化」のために有用となるはずです。では、現代アート作品は、どのように空気を可視化するのか。本講義の締め括りに向け、具体的な例を基に検討します。

排他的ナショナリズムの時代の空気

一九七六年生まれの小泉明郎さんは、映像を含むインスタレーションを中心に制作する現代アーティストです。日本の現代アートでは、政治性の強い作品、特に自国の帝国主義的・植民地主義的過去を扱う作品は、長らく珍しいものでした（近年、そうした傾向に変化が訪れつつありますが）。しかし小泉さんは、二〇〇〇年代初頭から、日本の戦争に関わる様々な事象を作品で取り上げてきました。そのことは、政治的芸術が盛んなヨーロッパの、チェルシー・カレッジ・オブ・アート・アンド・デザイン（英ロンドン）で彼が美術を学んだことと関わりがあるかもしれません。

例えば、二〇〇九年に作られた《若き侍の肖像》という映像インスタレーションがあります。この作品は、「神風特別攻撃隊」がテーマです。ご存知のように、第二次世界大戦中、体当たりによる自爆攻撃のために組織された部隊の名称です。小泉さんは、戦地へ赴かんとする特攻隊員を演じることを俳優に指示します。この「再演」を通し、同作は帝国主義的イデオロギーと個人のあいだの、一筋縄ではいかないせめぎ合いの様子を明るみに出します。

小泉さんが二〇一六年に発表したのが、《夢の儀礼（帝国は今日も歌う）》（以下、《夢の儀礼》）という映像インスタレーションです。本作では、「帝国」という言葉を含むタイトル通り、帝国日本の歴史が現在に残す影響、そしてそこに流れる現代日本の「空気」が捉えられています。

《夢の儀礼》は、靖国神社を舞台に展開される政治的状況と深く関わる作品です。明治時代に東京・九段北に設立された靖国神社には、第二次世界大戦の戦犯として有罪判決を受けた人々が合祀されています。そのため、みなさんもご存知の通り、毎年の夏には日本政府要人による靖国神社参拝をめぐり、他のアジア諸国との緊張関係が話題となります。

《夢の儀礼》は、短いプロローグとエピローグを除き、ふたつのパートに分かれます。前半は、作家自身が幼い頃に見た夢を語るモノローグを中心に展開されます。次のような夢です。自分の父親が、よくわからない理由で警官に連行されそうになっている。幼い子は泣きながらそれを引き止めようとするが、父は「私は行かなくてはならない」と告げる。なぜなら、「鶏の餌が足りない」からであり、「誰かが餌にならないといけない」からだという。そして、そのために彼が「選ばれた」。

《若き侍の肖像》とも重なり合うように、ここには「特攻隊」という史実にも明白な、個人や特定の集団に対し、より広い共同体の利益のために犠牲を強いる、戦時中の国家体制、そしてそれが醸成する「空気」が暗示されています。これは、哲学者の高橋哲哉が現代の沖縄と福島の状況を分析するなかで発見した、彼が「犠牲のシステム」と呼ぶものを想起させます。高橋は、「犠牲のシステム」を次のように定義します。

犠牲のシステムでは、或る者（たち）の利益が、他のもの（たち）の生活（生命、健康、日常、財産、尊厳、希望等々）を犠牲にして生み出され、維持される。犠牲にする者の利益は、犠牲にされるものの犠牲なしには生み出されないし、維持されない。この犠牲は、共同体（国家、国民、社会、企業等々）にとっての「尊い犠牲」として美化され、正当化されている。

（高橋哲哉『犠牲のシステム――福島・沖縄』集英社、二〇一二年、二七頁）

《夢の儀礼》の前半部は、戦時中のナショナリズムと結びついた犠牲のシステムが醸し出す「空気」を、自身が見た夢に仮託して描き出します。

後半は場面が一転し、カメラは靖国神社へと続く路上を歩く俳優を追います。彼の両手は後ろで縛られ、警察官の群れに囲まれています。路上からは「日本から出て行け」、「お前たちはこの国に要らない」などの罵声が聞こえます。その様子は、特に二〇〇〇年代半ば以降顕著になった、日本社会の右傾化を彷彿とさせます。

例えば、そうした右傾化は外国人居住者の国外退去を訴える、排外主義的なナショナリズムを掲げる団体に象徴されます。また、そうした団体がしばしば用いる、特定の民族や国籍の人々を激しく侮辱する差別的言動を意味するヘイトスピーチの増加も、日本の右傾化の顕現です。社会学者の高史明は、在日コリアンへの差別的言動に焦点を絞り、二〇〇〇年代以降のインターネットやSNSを通じた蔓延を特徴とする、「感情に強く訴えかけるがゆえに、盛んに流布されている」現代的レイシズムの拡大を明らかにしています（高史明『レイシズムを解剖する――在日コリアンへの偏見とインターネット』勁草書房、二〇一五年、一八三頁）。

小泉さんは《夢の儀礼》の映像内で、現代アート的な手法を用いて、俳優が演じる架空の人物と日本社会を象徴する現実の状況を組み合わせます。そうした組み合わせの効果として、靖国神社という場を取り巻く、近年の排他的ナショナリズムの回帰が示唆されます。同時に、そうした回帰と現代的レイシズムとの連続性にも光が投じられ、その独特の「空気」が作品のなかで可視化されています。《夢の儀礼》の映像内で飛び交う、お互いを罵り合うような「強烈な」言葉や、映像内に流れる「不穏な」雰囲気に対して、少なからぬ「不快感」を覚える方も多いことと思われます。ですが、まさにそうした不快感を鑑賞者のなかに喚起することは、おそらくは小泉さんの意図するところであり、そして、現代アートが有する社会政治的ポテンシャルのひとつではないかと思います。

美術史家のボリス・グロイスは、しばしば社会的芸術実践のあり方をめぐって論争を繰り広げている同じく美術史家のクレア・ビショップとの対談のなかで、一九世紀初頭の前衛芸術が一心に追求していた事項として、「観客を釘づけにするほどの美的対象」の創造に加えて、「必ずやショックを受けるほど恐ろしく、醜悪で不快感を与えるようななにか」の創造を列挙しています(「事を構える(ブリング・ザ・ノイズ)——クレア・ビショップとボリス・グロイスによるディスカッション」大森俊克訳、http://filmart.co.jp/specially/artificial-hells_bring-the-noise/ 最終閲覧日:二〇二三年一〇月一六日)。

「観客を釘づけにするほどの美的対象」と「必ずやショックを受けるほど恐ろしく、醜悪で不快感を与えるようななにか」の両者は、「中立的で穏やかな沈思黙考の余地を奪い去る、それほど力強い対象」という点で共通していた、とグロイスは指摘しています。すなわち、現代アートは、いくらか挑発的で、場合によっては露悪的とも言えるような仕方で、日常生活のなかで人々が「不快」であるとして目を逸らしている物事や現象に目を向けさせ、思考することを促す力を備えているのです。

人新世という時代の空気

次に、上村洋一さんの《Hyperthermia——温熱療法》（以下、《Hyperthermia》）を取り上げます。この作品は、主に音を素材として用いるサウンド・インスタレーションです。上村さんは、一九八二年生まれのアーティストです。彼は作品を通して視覚や聴覚を普段とは異なる仕方で刺激することで、私たちが世界や風景を別様に知覚することを可能にする方法を探っています。

上村さんが芸術制作のために使用する方法論は、「フィールド・レコーディング」と呼ばれます。文化研究者でアーティストの柳沢英輔は、この方法論を次のような言葉で説明します。

フィールド・レコーディング（field recording）とは、広義には、レコーディング・スタジオ以外のさまざまな場所で音や音楽を録音する行為であり、またその録音物のことを指す。フィールド・レコーディングは、民族音楽学、民俗学、文化人類学、音響生態学、生物音響学をはじめとする学術分野の研究手法／成果物であると同時に、音楽・音響作品の制作、映画やテレビ、ラジオ番組、現代美術における作品制作などにおいて幅広くおこなわれてきた。
（柳沢英輔『フィールド・レコーディング入門——響きのなかで世界と出会う』フィルムアート社、二〇二二年、一四頁）

この手法を用いて上村さんは世界中で音声を採取し、それを素材にサウンド・インスタレーションだけでなくパフォーマンスやCDも制作し、国内外で発表しています。

《Hyperthermia》は上村さんが世界各地の海で録音した音と、パラフィンという素材でできた造形物を含む水槽から構成されます。水槽の中の造形物は、流氷や氷山をパラフィンで模したものです。パラフィンは石油由来の物質で、温熱療法という健康促進法にも使用される素材です。この造形物は、発熱によって温暖化する世界（石油産業は、その一大要因です）と温熱によって癒される身体を対比的に象徴する効果があります。

フィールド・レコーディングを通して上村さんが収集した音には、オホーツク海の流氷の音、あるいは流氷が残る非常に冷たい海に生息するクラカケアザラシの鳴き声などが含まれます。また、ユニークなものとして、海を埋め尽くす流氷のわずかな隙間から、海中の空気が潮汐によって押し出される際に人間の呼吸のような音が生まれる「流氷鳴り」の現象を知床の人々が口笛や吐息で再現した音が含まれます。流氷鳴りは、地球温暖化のために流氷が減少する現在、耳にする機会がほとんどなくなっている音です。

ここでは、特に《Hyperthermia》の大事な構成要素である音に注目します。上村さんが世界各地で集める音は、人間があまり生息していない場所にも、私たちが普段に耳にすることが少ない自然や他の生き物が創出する様々な音があるという、ごく当たり前の事実を改めて「聴覚的に」示します。そして、それが失われつつあるものであることも。

人間の地球環境への責任が問われる人新世の時代を迎え、自然や他の生き物に対する鋭敏な感性を育むことが、私たちの課題です。すなわち、「私たちの住んでいる地球は自分たち人間だけのものではない」という意識を涵養することが大切です（レイチェル・カーソン『沈黙の春』青樹簗一訳、新潮社、一九七四年、三八一頁）。《Hyperthermia》に代表される、人新世の時代の空気を可視化（可聴化）する上村さんの芸術実践は、こうした課題に直面して有効性を発揮します。

おわりに

本講では、私たちの想像力を押し広げる、現代アートの可能性について論じました。説明してきた通り、近代以降、「芸術」の自律（自立）性は疑われる傾向にあります。ゆえに、「芸術」と呼ばれる領域は、「法」や「科学」など他の様々な領域と相互に関係し合いながら成立しています。

しかし、「芸術」領域は完全な閉鎖系ではありませんが、同時に完全な開放系でもありません。そして、この領域を特徴づけるのが、視覚や聴覚など私たちの感覚に働きかけ、私たちの認識を拡張していく特異な力です（一方、戦時中にはこの力が戦意高揚などの目的で、権力側に利用された事実はしっかりと記憶する必要があります。こうした事実は、アーティストが社会的・政治的作品を制作し、発表することに伴う「責任」の存在を明らかにします）。この現代アートの力を、今回は「可視化」という言葉を用いて説明しました。

今年度の学術フロンティア講義のテーマである「空気はいかに価値化されるべきか」に戻ります。どのような対象でも、意味のある「価値化」のためには多角的分析が必須です。ゆえに、その対象の、まだ私たち大部分には見えていない、聞こえていない、知覚されていない側面を可視化することが大切です。現代アートは目に見えない多様な素材を活用し、それを可視化する力を備えています。そうした力は「空気」の隠された側面を開示し、その適切な「価値化」に向けて重要な役目を担うことができるのではないでしょうか。

読書案内

本講義でお話しした内容に興味をもってくださった方に、関連する事項を深く知るために有益な文献を紹介します。最初に簡潔に整理した「芸術（藝術）」、「美術」、「アート」などの微妙な差異については、拙著『現代美術史――欧米、日本、トランスナショナル』（中央公論新社、二〇一九年）で解説しました。こうした差異の起源を探ると、英単語の「art」が日本に輸入された明治時代に遡ります。この点について、より専門的な学術書としては、美術史家・美術評論家の北澤憲昭さん（女子美術大学名誉教授）が一九八九年に上梓した、『眼の神殿――「美術」受容史ノート』（筑摩書房、二〇二〇年）をお勧めします。

本講義でも言及した「アートとレイシズム」というテーマについては、「トランスナショナル・ヒストリーとしての美術史に向けて」という論考でより詳細に論じました。この論考は、『レイシズムを考える』（清原悠編、共和国、二〇二一年）という書籍に収録されています。そこでは、旧イギリス植民地にルーツをもつ戦後イギリスのブラック・アーティストを中心に、人種差別と格闘した芸術実践の歴史の一端を概説しました。そして、「感性の学」としてのエステティクス（美学）という視点から、現代アートの反レイシズム的可能性を検討しています。加えて、美術史家の岡田温司さんが書いた『西洋美術とレイシズム』（筑摩書房、二〇二〇年）は、西洋美術という歴史的文脈においてアートとレイシズムのつながりを論じています。このテーマをさらに深く学びたい方は、これらの本を手にとっていただければ嬉しいです。

本講義の終盤で論じた、気候変動や環境危機を含む「エコロジー」というテーマは、現在、アートの世界でグローバルな関心を集めています。現代美術の歴史でエコロジーの問題がどのように扱われてきたのか、拙論「エコロジーの美術史」で概観しています。この論考は、『新しいエコロジーとアート――「まごつき期」としての人新世』（長谷川祐子編、以文社、二〇二二年）の一章を構成します。その他の論考も、多角的な視点から「アートとエコロジー」という問題系にアプローチしています。また、最新の単著である拙著『ポスト人新世の芸術』（美術出版社、二〇二二年）では、日本の例を中心に、より具体的なアーティストやアート・コレクティブを取り上げ、その作品や活動を詳細に検討しています。このテーマについてより深く知りたい方は、これらの書籍も併せて読んでいただければ幸いです。

第5講

「空気の価値化」を通じて考える「知の価値」

五神　真

ごのかみ・まこと●理化学研究所理事長、東京大学第三〇代総長、東京大学名誉教授。一九五七年生まれ。理学博士。専門は光量子物理学。著書に『変革を駆動する大学』『新しい経営体としての東京大学』（いずれも東京大学出版会）、『大学の未来地図』（筑摩書房）など。

はじめに

私は二〇一五年から六年間東京大学で総長を務めました。その間、「知の価値」を社会にどう位置づけ、知を生み出す大学自身がそれをどう認識すべきか、ということを最も重要な問題だと考えていました。「知」という形のないものを「価値」と結びつけることは、今回の講義のテーマである「空気はいかに価値化されるべきか」と通じています。東京大学総長時代に、空調メーカーであるダイキン工業と組織対組織の連携を始めた際に、一緒にビジョンを考え共有するために「空気の価値」をまず提起したことには、形のないものを価値化することを根本的に考えてみたいという意図がありました。

価値化を考える中で、東大に勤めてきた四〇年の間に経済のあり方が大きく変わったことを実感しました。かつての生産活動は、モノの生産を前提としてまず資金調達を行い、モノを工場で生産し、利潤を上げ、そして次の生産の規模を大きくしていき、成長していくというモデルでした。これが私たちが慣れ親しんだ「資本集約型社会」です。ところが二一世紀に入り、GAFAMに象徴されるプラットフォーマーを中心に大きな経済成長をとげる中で、形あるモノから、形のない情報やサービスへと価値の重心が移行してきました。つまり、形のないものの価値がより重要になったのです。私はこれを「知識集約型社会」と呼んでいますが、この社会では「価値」の概念そのものを再定義する必要があると考えています。

総長時代には、多くの先生方と共に、大学がどのような価値を社会に提供するのかについて深く考えてきました。今回の講義では、これらの経験を基に、大学が生み出す価値についてみなさんと共に考えます。

また、近年急速に発展している生成ＡＩは人間しか持たなかった創造性をあたかも獲得したかのように振る舞います。それが何を意味するのか、そしてそれがもたらす様々な影響を考えると、「知」という無形の価値に戻る必要がでてきました。講義の最終部分では、生成ＡＩに関する話題について触れます。

無形の知の価値と産学協創

まず、形がないものの価値について、水を例に考えてみましょう。私が子供の頃は、蛇口から出てくる水を直接飲むのが一般的で、ペットボトルの水を購入することが広く普及したのは比較的最近のことです。これは水を有形の商品として市場に出すことで、形のないものを価値化させた一例と言えるかもしれません。

水の価値、あるいは価値の変化ということについて、もう一つ事例を挙げます。私は多摩川の近くで育ち、小学生の頃はよくフナや鯉を釣って遊んでいました。しかしその頃の多摩川は生活排水による汚染が進んでいました。これが一九七〇年代に社会問題となり、地域住民、産業界、自治体の取り組みが行われるようになりました。排水浄化技術の向上も相まって、現在では多摩川の水質は鮎も棲めるようになるほど劇的に改善しています。これは単に水というより水環境ですが、水の価値が高まった事例と言えます。

また、「形のないものの価値」として、一番わかりやすい事例は「笑い」だと総長在任中に考えていました。ちょうどそのような折に吉本興業の大崎会長との出会いがあり、東京大学との連携に関する話が持ち上がりました。形のないものの価値を共に考える絶好の機会だと思いましたし、心理学研究の観点からも「笑い」に価値があると考えました。私の総長任期の終盤に、この連携は実現し、佐藤健二教授とお笑い芸人の又吉直樹さんの対談が安田講堂で開催されました。このイベントは大きな評判となり、プロジェクトは今も続いていると聞いています。

さて、今回の連続講義の主体である東アジア藝文書院（以下、EAA）と関係の深い、空調メーカーであるダイキン工業と東大の連携について話を進めましょう。東京大学の教育や研究活動が社会にどうつながっていくかを考える上で、実業として産業活動をしている企業と本気のコラボレーションをすることは重要であろうと考えていました。そして、ダイキン工業との共通テーマとして「空気の価値化」を掲げたのは、形のないものの価値を考えていた私にとって極めて素直な課題設定でした。

当時、東京大学では年間約二〇〇〇件の企業との共同研究が行われていました。共同研究や委託研究においては、企業等からの資金提供を元に大学の研究者や学生が研究活動を行うわけですが、具体的な共同研究契約を見ると、例えば試薬費といった必要な物品の費用など、実費のみが積み上げられ共同研究経費として提供されるというケースがほとんどでした。これは何かがおかしいと感じました。それまで研究者が培ってきた知恵や、共同研究の過程で生まれる知恵などの「知の価値」はゼロ査定となっているのではないかという違和感です。企業にとって大学との連携は未来への投資、すなわち未来に成長するための先行投資であり、共に考え、生み出す知恵を共有する点が重要なのです。企業は知恵に価値がないと見ているわけではないのですが、大学が生み出す価値を正当に評価する仕組みがなかったのです。年間何千件もの契約でその価値が評価されていないのは大きな問題だと考えました。

ところが、企業の担当者が大学の研究室の研究者との間で契約について議論する場合、コスト以上のものを大学へ投資するという責任権限が与えられていない場合がほとんどなのです。未来に対する先行投資を判断するのは経営の責任を担う経営トップです。すなわち企業と大学のトップ同士が直接未来への投資の目的について話し合い、大学への投資を決定することで、未来への投資が可能になると考えました。単に企業の現場のトラブルシューティングを請け負うのではなく、共に考えるべき課題を見つけること自体に経営的な価値があると感じていただける企業のトップと相談し、東京大学で新たな知を一緒に創るための「産学協創」という新しい枠組みを作ることにしました。

その枠組みでの初めての取り組みとして、二〇一六年に始まった日立製作所との「日立東大ラボ」プロジェクトがあります。これは現在も継続中です。当時、日立製作所のトップでいらっしゃった故中西宏明氏（元経団連会長）は、この協創の理念に大いに賛同してくださいました。

その後、ダイキン工業の井上礼之会長（現名誉会長）と共に産学協創に取り組むことになりました。面白いことに、井上会長は以前から共創ではなく「協創」という文字をあてて経営方針のキーワードとして使用しており、この東京大学のコンセプトに深く共感してくださり、二〇一八年に「ダイキン東大ラボ」が発足します。

ビジョンを共に構築して具体的な議論を進めるためには明確なキーワードが必要です。そこで、「空気」という形のないものの価値について考えることにしました。これが私たちの議論を進めるための出発点となりました。

双方の中心メンバーが議論を重ねる中で、具体的な基本理念として、全世界への空調の基本価値普及をめざす「Cooling for All」、Well-being に貢献する空気・空間の創造をめざす「Beyond Cooling」、そして社会的共通資本としての空気を守り育てる「Air as a Social Common Capital」の三つを掲げることにしました。これらのコンセプトをどのように明確化するか、事業が良い方向に進むための社会の仕組みとは何か、どのような価値観を共有すべきか、公共的な活動が会社の利益とどのように両立するのか、ということを共に考えることが、産学協創による「空気の価値化」というテーマの中身です。

ダイキン工業には、東京大学との連携が生み出しうる新しい価値について真剣に検討していただき、一〇年間で一〇〇億円の投資を約束していただきました。共同研究プロジェクトでは、一件あたり約一〇〇〇万円程度の共同研究費が提供されるのが一般的ですが、ダイキン工業との取り組みはそれに比べて格段に大きな規模です。このように高い視座での大規模な連携の枠組みであるため、ＥＡＡのような活動もその中に自然な形で含まれうるのです。

また本気の組織対組織の交流を実現するため、ダイキン工業の社員が東京大学に入り、自ら研究テーマを見つけて取り組む「ＬＯＯＫ東大」というプロジェクトを実施しました。想像を超える数の社員に参加いただき、東京大学の教職員も産業界との対話が増えました。これまでは産学連携を外から眺めるような印象が強かったのですが、対話の中で、社会の課題がより明確に理解されるようになりました。

東京大学の学生向けの「グローバル・インターンシップ・プログラム」も実施していただいています。ダイキン工業は早くも一九六〇年代から世界展開を進めており、中国、東アジア、ヨーロッパ、アフリカ、アメリカなどを含め世界各地に多くの拠点を持っています。東京大学の学生をこれらの海外拠点に数週間にわたり派遣することで、観光では訪れることができない現場で実体験を積むことができます。このプログラムは、メディアを通じて得られる限られた情報ではなく、グローバルなビジネスの最前線を実際に現地で体験し、社会課題の解決に資する事業を議論し考える貴重な機会となっています。

デジタル革新がもたらす、知識集約型社会における価値

現在、地球は多くの課題に直面しています。新型コロナウイルス感染症、国際的な緊張関係、そしてエネルギー問題の悪化などです。これらの課題は国際的な協力なしには解決できません。温暖化問題は特に重要な焦点となっています。産業革命以前と比べ地球の温度上昇を一・五度以内に抑える必要があるとの認識は世界的なコンセンサスとなっています。この目標達成のために、ヨーロッパではカーボンニュートラルを目指してＥＵ独自のルールを策定し、規制を設けるなどの先制的

な措置が進められています。温暖化問題に対するリアリティと緊急性が高まっているのです。

過去一〇万年の気候変動を示すグラフによると、現在の地球は一・二万年にわたる例外的に温暖で安定した地質年代である、完新世（Holocene）に位置しています。この安定した気候を背景に農業文明が発展し、工業化や情報化社会といった現代の文明が形成されました。しかし、産業革命以降は逆に人間の活動が温暖化の主要因となり、その抑制が深刻な課題となっています。

東京大学グローバル・コモンズ・センターにも協力いただいているポツダム気候影響研究所所長ヨハン・ロックストローム教授は、プラネタリー・バウンダリーズ（不可逆的変化の限界点）を提唱しています。彼によれば、地球は人間の活動の影響を受けた新しい地質年代「人新世」（Anthropocene）に突入しており、気候システム、生物多様性、海洋環境の保全を含む地球の持続可能性について、すでに許容限界を超え、復元不可能な変化が生じている可能性があると警告しています。

東京大学では地球システムを人類全体の共通基盤として守る方法についての議論が行われています。二〇二〇年に東京大学が主催した東京フォーラムでは、パリ協定において重要な役割を果たしたクリスティアナ・フィゲレス氏が講演しました。彼女は、二〇三〇年までに温室効果ガス排出を半減（二〇一三年比で）させなければ、人間は地球の制御を失うと警告しています。このように、環境問題は待ったなしの状況に立たされているのです。

この複雑で難しい課題に私たちはどう挑戦すればよいのでしょうか。その重要な鍵はデジタル技術にあると私は考えています。

デジタル技術の浸透ということで記憶に新しいのは、新型コロナウイルス感染症のパンデミックです。私が総長を務めていた任期最後の六年目に発生しました。二〇二〇年三月には、新学期が始まる四月一日に向けて、授業をどのように進めるのかが大きな課題となりました。この時、他の多くの大学が新学期の開始を一カ月や二カ月遅らせる検討をはじめていましたが、私は当時の状況がどう展開するか先行きが不透明だったため、むしろ先送りはよくないと考え、予定通り新学期を開始する決断をしました。

それに伴い、三月一八日に全国の大学に先駆けて、新年度の授業を四月から開始することを発表しました。しかしその直後、三月末に緊急事態宣言が出されたため、全ての授業をオンライン形式に切り替える必要がありました。

三月中に行ったことは主に二つです。まず、オンライン講義に慣れていない教員向けに、講義方法のガイダンスを行いました。次に、四月に入学する新入生のネットワーク環境への懸念に対処するため、Wi-Fiルーター約一〇〇〇台を三月中に確保しました。これらは通信環境がよくない学生に無償で貸し出すためのものでした。

私たちは資本集約型の社会から知識集約型の社会へと、大きなパラダイムシフトや不連続な変化が進む真っ只中にいます（**図1**、**図2**）。二〇一六年ごろ、政府の未来投資会議でこの考えを発表した際、当初は「知識基盤経済」（Knowledge-based Economy）という言葉を使おうと思っていました。しかし、総長室で支援してくれた先生方のアドバイスにより、この用語が九〇年代のもので古い概念の復活と見なされる恐れがあるため、別の用語を検討すべきだとの結論に至りました。その結果、「知識集約型社会」（Knowledge Intensive Society）という新しい表現を提案してくれた先生のアイデアを採用しまし

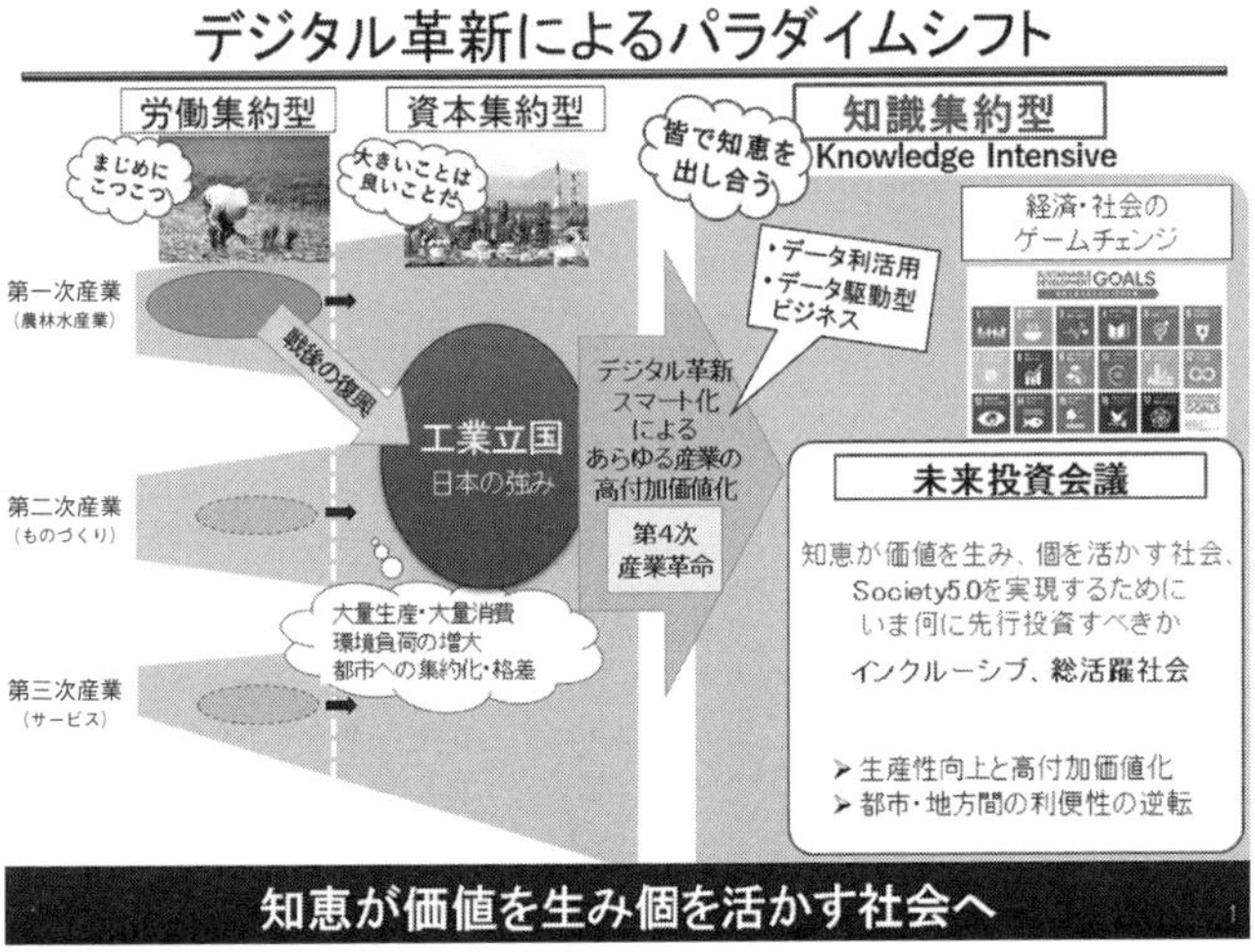

図 1　（筆者作成）

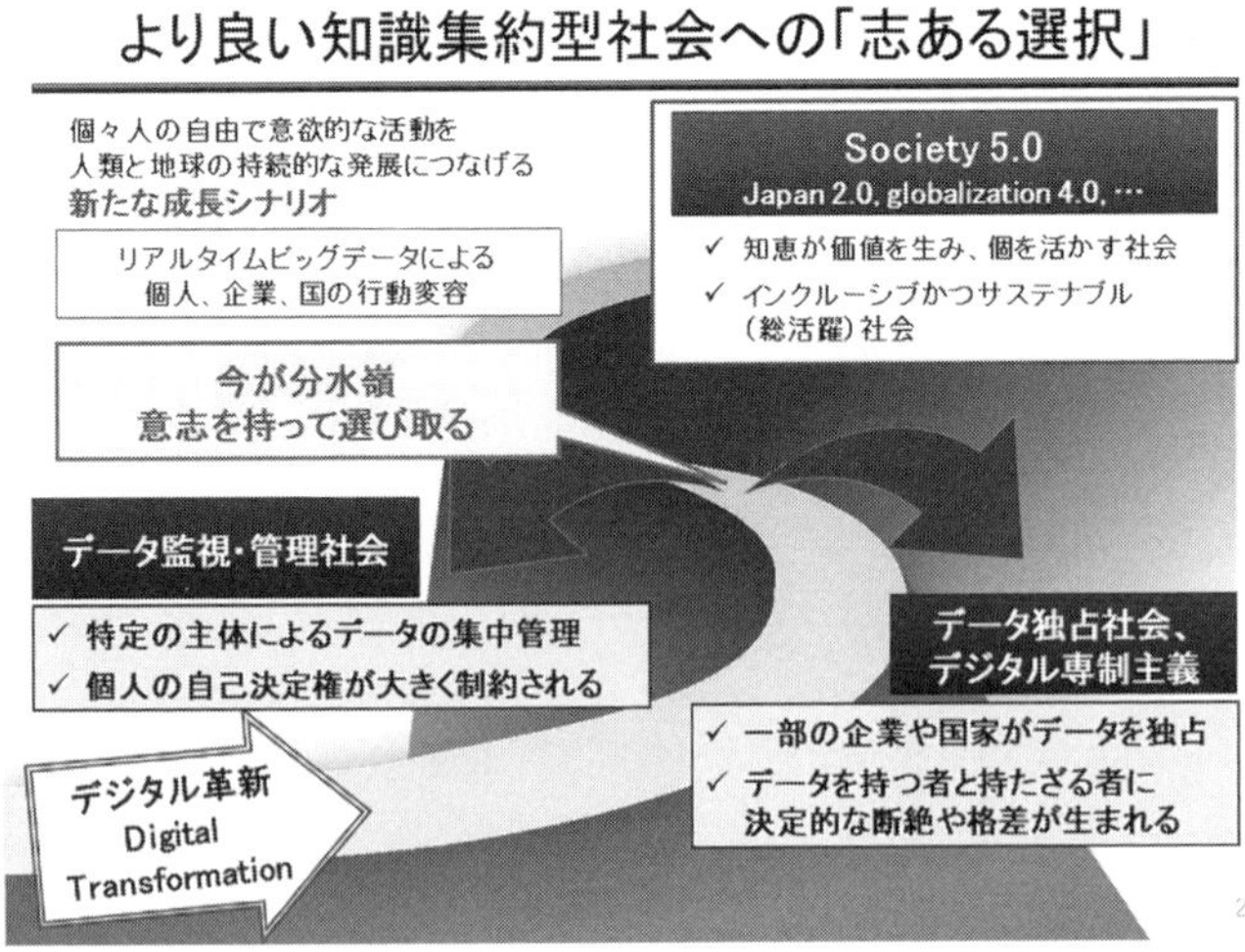

図 2　（筆者作成）

た。この「知識集約型」という表現は、東京大学が発信した象徴的なキーワードとなり、現在も広く使用されています。

二〇一五年に総長に就任したころには、日本の産業を再興するための議論が盛んでした。日本は高度経済成長期に第一次産業から第二次産業へと移行し、オートメーションと品質管理という日本発の生産技術イノベーションを通じて富を築くことができました。しかし、一方で日本の第三次産業は他の先進国に比べて生産性が低くなっており、第二次産業から第三次産業への転換と、第三次産業の高度化によって競争力を高めるべきだという議論が行われていました。

しかし、私はこの見方に懐疑的でした。求められる産業転換の速度を考えると、この変化を担う主力は、現在社会の中核で活躍している人々であるべきです。私の研究室を卒業した約一〇〇人の卒業生を振り返ると、彼らは今後の日本の産業成長を担う優秀な人材ですが、彼らの多くが第二次産業に関連した職場で働いていました。彼らが今後二〇年間現役で活躍すると考えた時、第二次産業から第三次産業への転換は日本の戦略として現実的ではないと感じました。

その時期に「Society 5.0」という概念が登場してきました。デジタル技術の革新により、様々なデータが蓄積されそれを活用する機会が急拡大する中で、知恵が価値を生み出しその結果、個の多様性を尊重できるインクルーシブな社会を目指すという社会ビジョンです。このような転換は第一次、第二次、第三次産業の全てのセクターで同時に起こりうるのです。

例えば第一次産業である農業の場合、データを活用したスマート農業では、都市近郊の小規模農地で付加価値の高い作物を効率よく生産することができます。未来投資会議では、これを実践している農家が自らの作物を持ってきて紹介していました。彼の農地は一〇アールほどの小さな農地が散在していて、大規模集約化とは異なりますが、気象データや畑に仕込んだセンサーからのデータなどを活用し、手入れのタイミングや収穫時期を精密に管理することで、コストパフォーマンスよく高品質な農産物を生産しています。

また、テーラーメード医療では、デジタル技術を駆使することで、それぞれの患者の特性に合わせた薬を廉価かつ迅速に開発する可能性が広がっています。例えば、従来の大量生産・大量消費の経済メカニズムでは困難だった、希少疾患に効く薬の開発も可能になっています。

私自身の研究でもデジタル革新による転換を実感しています。総長になる直前に、物理学と光科学を使ったものづくりの研究を始めました。最新の極短パルスレーザーと物質の特異な相互作用を利用して物質の加工や接合についての新しい技術を生み出すことを狙った研究です。高性能な3Dプリンターを用いて精密部品をオンデマンド生産したり、光を使用して異なる特性を持つ材料（例えば鉄とアルミ）を接合する技術の開発などです。このような技術が実現すれば、ネジを一本も使用しない機械や、一品生産をコストパフォーマンス良く、高品質に行うことが可能になります。安価で高品質な一品生産が可能になれば、製品の方を人に合わせて作ることができ、多様なニーズをかなえることができます。これは第二次産業における大きな転換点です。デジタル革新がもたらす高度なデータ活用によって、様々な分野で同時にパラダイムシフトが進行することが知識集約型社会の特徴です。

日本は第五期科学技術基本計画、第六期科学技術・イノベーション基本計画の下で、「Society 5.0」と呼ばれる第五の社会を目指していますが、その定義について、東京大学は経団連、年金積立金管理運用独立行政法人（GPIF）とともに考えました。

Society 5.0は、「デジタル革新によりフィジカルとサイバー世界が高度に融合し、それによって安心で快適な暮らしと新たな成長機会を共に作り出す、誰も取り残されないインクルーシブな人間中心の社会」と定義しました。Society 5.0の目標は、単に便利になることだけではなく、各々が主体的な判断で行動できる自由を維持しながら、多様な人々を包摂し、それぞれにサービスを提供できる技術を開発するという、人間中心の社会を築くことです。

ポイントは、デジタル技術の進展により自動的に人間中心の社会になるわけではないことです。データは、データを持つ者に集まりやすい傾向があり、何も対策を講じなければ、大企業によるデータの独占やデジタル専制主義が生じる恐れがあります。

例えば、コロナ禍では、強力な管理権限を持つ者が一元的にデータを管理することが初期の感染予防には効果的でした。これは一元管理によるデータ監視や管理が有効であるという考え方につながりかねません。しかし、多くの人々が理想とする自由で民主的な社会は一元的なデータ監視、管理に基づく社会とは正反対のものです。

ポジティブな成長を選択し、良い道筋を選ぶためには知恵が必要です。だからこそ私は「大学には価値がある」というメッセージを伝え続けています。私は、個々人の自由で意欲的な活動と、人類社会全体の安定的な発展とは両立すると考えています。個人の好奇心や学びたいことを大事にして、それに全力を尽くすことが、全体として良い方向へ進むような仕組みを作ることが必要なのです。

それには、科学技術だけでは十分ではなく、社会システムの適切なルールや新しい経済メカニズムの構築も必要です。多くの人が自発的に参加し、積極的に貢献するような仕組みを考える必要があります。これは、科学技術、社会システム、経済メカニズムの三位一体の協働が重要であり、より良い社会へと向かうための学問的かつ創造的な作業です。この過程で重要なツールとなるのもやはりデータです。

例えば、コロナ禍での外出では、携帯電話の基地局データを活用して目的地の混雑度を推定し、それに基づいて行き先を選択していました。これは、デジタルをいかにうまく使えば行動変容を促せるか、ということの実証です。外食するときに、スマホのデータを参照してお店を選んでいる人も多いと思います。

また、データ活用は災害対策においても非常に重要です。数年前の西日本豪雨の際に、気象データ、河川データ、下水管の配管データなどをＡＩで解析することで、大災害が起こりうる場所を事後的に特定できたことがわかっています。当時は一〇時間の計算が必要でしたが、リアルタイムで降雨データを取得し、ネットワーク上のスーパーコンピュータで解析すれば、現在ではたった五分で結果が出せると言われています。三〇分後の洪水予測を一〇時間かけて行うのと五分かけて行うのとでは、同じデータと解析方法でも、その価値は全く異なります。リアルタイムでのデータ処理には何百人もの命を救う可能性があり、大きな価値を生み出す可能性を秘めています。リアルタイムデータを皆が等しく使えて、その解析結果も共有できるようにしておくことが、価値創造においては極めて重要です。

大学が生み出す価値とは──東京大学の歩みと現在の取り組みから

大学からの効果的な発信の一つとして、入学式や卒業式での式辞があります。これらを通じて、私は様々なメッセージを学生たちや社会に伝えてきました。何を話すかについては毎年学内の多くの同僚と相談し、時間をかけて準備してきました。

特に新聞から取り上げられたのは、二〇一六年四月の学部入学式の式辞での「毎日、新聞を読みますか」という一節です。これは新聞をとにかく読んでくださいということではなく、新聞に限らず、情報を幅広く収集し分析することの重要性を伝えるためのものでした。東京大学では、日本国内だけでなく海外の新聞も読むことができるため、海外のニュースを読んで、それが日本の報道とどのように異なるかを確認する習慣を身につけることを勧めました。これは、日本という国を相対化して理解するための重要なアプローチだと考えています。

二〇一六年四月の大学院入学式では、長い時間スケールで蓄積されてきた東京大学の「知」についても紹介しました。橋本進吉先生の研究に基づく、記紀万葉の時代に母音が八個存在していたという話です。この話題は史料編纂所の先生が提供してくれたもので、万葉仮名の使い方を詳細に分析することで、母音が五個ではなく八個あったことがわかったというものです。さらに、橋本先生は研究過程で江戸時代の石塚龍麿の研究を見つけ、彼の研究において既にその仮名遣いの分類が発見されていたことを明らかにしました。

また、千年スケールの古文書に記録されている情報を基に新たな「知」を生み出す活動として、東京大学の地震研究所と史料編纂所が協力し、日本各地の古文書に記録された地震や火山活動を研究するプロジェクトを実施しました。過去の地震や火山噴煙の記録をデータベース化し、歴史時代から現代に至る全国的な地震・火山活動の解明を目指しています。

日本は物理学分野で強みを持っていますが、その初期の重要な人物の一人である長岡半太郎先生の興味深いエピソードがあります。彼は東京大学に進学して近代物理学を学ぶ中で、それらが全て西洋の研究者によるものであったことから「東洋人である自分に独創性のある研究が可能か」と深く悩みました。しかし幼少期に親しんだ漢籍を読み返す中で東洋の先人たちの先駆的な科学的発見に気付き、再び奮い立って物理学の研究に取り組むことができたというエピソードです。漢学の素養の上に西洋科学での独創性を発揮したという、異なる「知」の融合の可能性を示すエピソードであると思います。

長い年月をかけて積み上げてきた「知」だけでなく、「社会変革を駆動する主体」としての大学の価値についても取り組みを続けてきました。

冒頭で触れたように、現在、地球環境は危機に瀕しており、その主な原因は人間の活動にあることが明らかです。この状況を打開し、地球をコモンズとして守るために、東京大学は「グローバル・コモンズ・センター」を設立し、その取り組みを主導することを宣言しました。

「コモンズの悲劇」という言葉があります。入会地のようなコモンズはそこに関与する人々の規模が小さければ大切な共有地として守られます。しかし規模が大きくなると、互いの牽制が効かなくなり、早い者勝ちやルール破りが横行し、コモンズが荒れ果ててしまうのです。それでは地球は必然的にコモンズの悲劇に到るのでしょうか。私はここでもデジタル革新が重要な役割を担うと考えています。現代の生活では、サイバー空間とフィジカル空間が融合しています。その結果、地球の裏側で起きている出来事をリアルタイムで知ることができます。また外食する際のレストラン選びのようにSNSなどサイバー空間の情報を自らの行動判断に活用できます。このようにサイバー空間は私たちに地球や他者のことを感じる機会を与え、地球を実効的に小さくする効果があると言えます。これはバックミンスター・フラーによる「宇宙船地球号」に通じ、グローバル・コモンズを悲劇から救えるかもしれません。しかし、サイバー空間そのものを見ると、コモンズとして適切に機能しているかは疑問です。フェイクニュースが氾濫し、サイバーテロが頻発するなど、野放図な状態になっています。私たちは日々の行動を選択し、データを通じて他者を理解し、自由意志を持ちつつ全体の調和を目指す必要があります。荒れ果てたサイバー空間と地球のフィジカル空間が融合していることは、非常に危険です。サイバー空間のコモンズの問題に対して、その融合を意識した上でそれらをコモンズとして総合的に管理して行かねばなりません。

グローバルコモンズを管理して守るには、企業や国のコモンズへの負荷や管理目標への達成度を指標付けし、全体としての協力体制を構築するフレームワークを作る必要があります。そのための第一歩として、東京大学は「グローバル・コモンズ・スチュワードシップ指標」を策定しました。この指標は、東京大学の学術的信用を基に公表され、投資家や国々がより良い行動選択をするためのデータとして活用できるようになっています。東京大学がこの指標を発行する主体となることで、大学の価値が再認識されるのではないかと考えました。

関連する社会の動きとして、社会的価値を創出する企業活動を促すために諸外国でも法律が整備されています。例えばフランスでは、新しい法律で「使命を果たす会社」(Entreprise à Mission) という概念を定義し、企業を認定することで、企業の活動が共通的な価値を創出する方向に促していこうとしました。問題は、このような制度が個々の会社の株主の利益と合致するように設計されるかどうかです。ダノン社はこの制度に真っ先に指定されましたが、この方針を主導したリーダーが株主から反対されて退任するなど、実現は困難な状況にあります。

経済メカニズムについて考える際に私がよく参照する資料の一つに、代表的な企業の時価総額と売上高の比率を示した表があります。GAFAなどの情報系プラットフォーマーが市場から高い評価を受けていることがわかります。これらの企業は売上高に比べて市場価値が高いのです。デジタルトランスフォーメーションを上手く活用したビジネスが、株主や投資家からの期待を集め、経済成長を促進していることを示しています。対照的に、日本の製造業中心の企業は、売上高と時価総額がほぼ同じか、時価総額の方が低い傾向にあります。日本ではリスク投資が進んでおらず、このような形の経済成長があまり見られません。必ずしもこれらの数値を高めることが解決策とは限りませんが、それでも、日本が未来への期待を持ち、リスクを取る投資行動に遅れていることは明らかです。ポジティブな成長を実現するためには、誰かがリスクを取りながら投資を進める必要があります。そのためには、投資に値する未来のビジョンを描き、共有することが必要です。

包摂性、すなわちダイバーシティアンドインクルージョンと全体調和を両立する未来像が、投資に値するものとして共有されるためにどうするか、特に知識集約型社会においてサイバー空間をどのように活用するか、という問いは、国立大学の経営を考える際に直面した課題でもありました。公共の担い手でありつつ、その活動を多くの人に認めてもらう中で大きく成長し、学生への多様な機会の提供など、様々な活動を拡大していくことが大学経営者としてのミッションでした。これには科学技術だけでなく、経済や社会メカニズムの理解、そして「共感性」の理解も不可欠です。そのため、人文学の深い理解を得ることが極めて重要だと考えました。

その中の一つとして実現したのが、「資本主義」の研究をされている経済学者の岩井克人先生との対談で、私の任期の最後に発行した『新しい経営体としての東京大学』（東京大学出版会、二〇二一年）に収録されています。

経済学者たちは市場を改善することを伝統的に重視してきましたが、それだけでは不十分だと岩井先生は指摘しています。岩井先生によれば、株式会社は二つの性質を持っています。一つは、株主が保有する「物」としての性質。もう一つは、法人として資産を所有できる「人」としての性質です。この「物」部分が過度に重視されていたことがこれまで問題を引き起こしていました。岩井先生は、これら二つの性質の関係を多様化させることによって、資本主義を改善できると述べられています。

私は、同じ資本主義の枠組みの中で、大学が公共的なものを支える経営体として存在しうると考えています。その経営によって生じる利益が、公的活動のさらなる拡大に貢献するという資金循環が経済システムに組み込まれることが望ましいと思っています。

私の総長任期の終盤には、大学債を発行しました。大学の資金調達方法と社会における資金循環に新たなアプローチが必要だと考え、四〇年という長期間の債券を発行することにしました。

アベノミクスによる金融緩和により確かに市場に資金は供給されましたが、この資金が未来の成長につながる先行投資に十分に向けられていない問題があります。投資家やお金を持っている人がどこに投資すべきかわからないことが最大の問題です。そこで、大学が自ら市場に働きかけ、投資家に良い投資をするよう行動変容を促すことも重要な役割なのではないかと考えました。

東京大学が発行した債券は、大学全体が返済を保証し、実施する事業については大学が自由に判断できるコーポレートファイナンス型の債券です。この債券を活用して、大学はより良い社会を構築するための多様な活動ができるようになります。資金調達として、市場へのインパクトを考慮し、償還期間四〇年の債権を二〇〇億円という規模で一号債を発行しました。幸いなことに、二〇〇億円の発行額に対して、一二六〇億円の申込みがあり、即完売しました。市場が長期的な投資に積極的に反応したことは、大変良い結果だと考えています。

この債権により、大学運営の自由度が大幅に向上しました。実際に、債券発行の半分はコロナ対応のための緊急の施設整備に使用されました。文部科学省の補助金を待つよりも迅速な対応が可能でした。我々が重視する「学生ファースト」の投資を、学内の判断だけで大規模に進めることができたのです。

良い社会を構築するためには、価値について考え、共感性と説得力のある答えを見つけることが非常に重要です。未来への投資として最も重要なのは「知恵」を育むことです。資金が回る仕組みを整え、大学がそのための受け皿として機能することが必要です。

生成ＡＩのインパクトと知の価値

最近、生成ＡＩが劇的に発展しています。二〇二三年二月に金融系の方たちと懇談していたときに「ChatGPTを試した」という話を聞き、すぐに自分でも試してみることにしました。実際に使ってみてこれまでのＡＩとは大きく異なることがわかりました。

生成ＡＩが今までのＡＩと違うところは、大規模に学習した言語モデルのモデル規模がある閾値を超えると、まるで人間のような知の創発現象が観測された点です。研究とは、まさに創発を求めているもので、考え、思い付き、新しいものを発見する、ということですが、桁違いな大規模のデータに基づく基盤モデルをもとに、問いかけをすると創発性が出ると言うのです。

ChatGPTのようなＡＩから望ましい結果を得るためには、質問の投げかけ、プロンプトエンジニアリングという技術を磨くことが重要です。しかし、GPT-4.0は主に英語ベースの情報を使用しており、日本語の情報には弱い点があります。そのため、日本語ベースでプロンプトエンジニアリングを鍛えるには日本語の生成ＡＩを整備する必要があるかもしれません。この点については、規制を含む様々な議論が今も交錯しています。

私は、進化したＡＩを避けるのではなく上手く活用する以外に方法はないと思っています。東京大学の太田理事は二〇二三年四月に、この新しい技術にどう向かい活用すべきかについてのメッセージを発表しました。新しい問題を自ら発見し、解決することが学問の本質であり、このプロセスの中で、学生たちは自ら問いを立てる力を鍛える必要があります。これからは新しいＡＩツールを使用しながら、問いを立てる能力をさらに向上させる必要があります。

生成ＡＩなどの進化に伴い、計算科学やリアルタイムデータの活用が進む中で、リアル世界のスマート化が加速しています。サイバーとフィジカルが再融合する中で、多様性と個人の自由を重視した包摂的な社会を目指し、新しい知を創造することが重要です。この探求の「わくわく感」を共有し、無形の価値としての知を深く掘り下げることは非常に意義深く、新たなフロンティアを築くことにつながります。皆さんが好奇心を持ち、知の価値について議論し、新しいフロンティアを築いていくことを楽しみにしています。

読書案内

東京大学総長として私が六年間推し進めた改革については、五神真『新しい経営体としての東京大学』（東京大学出版会、二〇二一年）で詳しく述べています。東京大学を社会変革を駆動する自立した経営体にするための取組みを紹介するとともに、岩井克人先生との「無形の価値」についての対談も掲載されています。岩井克人先生は二〇二三年一一月に文化勲章を受勲されました。岩井先生は、「一橋ビジネスレビュー」（Winter, 2020）にも「会社の新しい形を求めて」という特集論文を寄稿されています。そこでは企業が社会的責任を果たすことを追求することについて論じられていますが、これはまさに私が東大改革の柱としてきた「社会変革を駆動する大学」の考え方と合致すると感じます。

こちらは電子書籍で読めます。

ヨハン・ロックストローム氏のプラネタリー・バウンダリーの概念を本論の中で紹介しましたが、より深く理解するためには、オーウェン・ガフニー、ヨハン・ロックストローム『地球の限界』（戸田早紀訳、河出書房新社、二〇二二年）を読んでいただければと思います。地球が緊急事態にあり、地球環境が安定して機能する範囲内で将来の世代にわたって成長と発展を続けていくためにどうしていくべきかを示しています。

また、文理融合研究の重要性から言語に関する話題提供をしましたが、今井むつみ、秋田喜美『言語の本質』（中央公論新社、二〇二三年）は、言語学、心理学、神経科学など分野をまたがったデータや実験結果から言語の起源や進化、習得について論考した、興味深い一冊です。

生成ＡＩのインパクトについても述べましたが、それには半導体技術の進歩が不可欠です。半導体技術の歴史と戦略を理解するために以下の書籍を紹介します。クリス・ミラー『半導体戦争——世界最重要テクノロジーをめぐる国家間の攻防』（ダイヤモンド社、二〇二三年）は半導体市場の歴史とその影響力を網羅的に論じています。黒田忠広『半導体超進化論』（日経ＢＰ、二〇二三年）は、日本の半導体産業の未来戦略を説く一冊になっています。

いずれも文系・理系問わず読むことができる分かりやすい内容になっているのでぜひ手に取ってみてください。

第6講

空調メーカーが試行している
空気の価値化

香川謙吉

かがわ・けんきち●ダイキン工業株式会社常務執行役員、テクノロジー・イノベーション戦略室東京大学との連携・協創担当。一九六八年生まれ。神戸大学工学部卒業。コロナウイルス感染症流行下の二〇二一年一〇月に東京大学・ダイキン工業株式会社・日本ペイントホールディングスが共同で策定した「呼吸器感染症の感染リスク低減対策のための教育現場向け参考ガイド」の策定に携わる。

はじめに

空調メーカーであるダイキン工業に私が入社して三二年目になります（講義当時）。私が子供だった四五年前、水は無料《タダ》でした。厳密には、水道代がかかるのでタダではなかったのですが、現在のように、ペットボトルに入った水を買うようになるとは夢にも思いませんでした。あれから四五年が経った今でも、相変わらず、空気はタダのままですが、実は二〇年以上前から、ダイキン工業はお金を出して買ってもらえる空気作り（空気の価値化）の試行を続けているのです。本講では、この二〇年間、空調メーカーにおいて、私が試行し続けてきた空気の価値化の取り組みについてご紹介し、どうすれば空気が価値化できるのか、皆さんと一緒に考えたいと思います。

空気の価値を測るためには、空気の〝ものさし〟が必要ですが、水の〝ものさし〟がわかりやすいので、水の〝ものさし〟と比較してみましょう。水は硬度（水に含まれるカルシウムやマグネシウムなどミネラル成分の濃度）で、軟水と硬水に分けられます。よく知られている銘柄の、おいしい水天然水六甲（硬度 40 mg/l）やボルビック（硬度 60 mg/l）は軟水、エビアン（硬度 304 mg/l）やコントレックス（硬度 1648 mg/l）が硬水です。では空気の〝ものさし〟は何かと言うと、空気中のＶＯＣ（Volatile Organic Compounds 揮発性有機化合物）や花粉、ウイルス、水分、芳香成分の濃度など、様々な尺度があります。それを水と同じように夾雑物の少ない空気、多い空気に分けると、夾雑物の少ない空気としては、ＶＯＣの少ないシックハウス症候群にならない空気や、花粉の少ない花粉症にならない空気、ウイルスの少ないウイルスに感染しない空気などが考えられます。一方、夾雑物の多い空気としては、水分の多いうるおいのある空気や、芳香成分の多い香りのある空気などが考えられます。夾雑物の多い空気と少ない空気で区別できるなら、空気の〝ものさし〟として使えるのではないかと思われるかも知れませんが、空気中にどれだけの夾雑物があることが望ましいのか、どうやって計測するのかといった、〝ものさし〟や基準値が決まっていないため、良い／悪いの判断ができないという課題があります。一方で、水分や香りなどの夾雑物を加えると、高原などの気持ちのいい空気が作れるのではないかという期待も持てます。

これまでの空気の価値化の取り組みは、どれだけＶＯＣや花粉、ウイルスなどの夾雑物を減らせば化学物質過敏症や花粉症、ウイルスへの感染を予防できるのかを判断できる、〝ものさし〟や基準値を作ろうという取り組み——マイナスをゼロにする水の例えで言うと軟水のような空気を作ろうという取り組み——と、どれだけ潤いや香りなどの夾雑物を増やせば高原など気持ちのいい空気を作ることができるのかという取り組み——ゼロをプラスにする水の例えで言うと硬水のような空気を作ろうという取り組み——を行ってきました。

シックハウス症候群にならない空気

まず、空気中のＶＯＣを減らすことにより化学物質過敏症を予防するための〝ものさし〟、基準値作りの取り組みについて説明します。化学物質過敏症やシックハウス症候群といった言葉は、最近は報道などでもあまり聞くことがなくなりましたが、二〇〇〇年頃には、化学物質過敏症の患者さんが多く発生し、大きな社会問題となっていました。シックハウス症候群とは、どういう病気なのかについて国土交通省のウェブサイトを見ると、次のような記載があります。

新築やリフォームした住宅に入居した人の、目がチカチカする、喉が痛い、めまいや吐き気、頭痛がする、などの「シックハウス症候群」が問題になっています。その原因の一部は、建材や家具、日用品などから発散するホルムアルデヒドやＶＯＣ（トルエン、キシレンその他）などの揮発性の有機化合物と考えられています。「シックハウス症候群」についてはまだ解明されていない部分もありますが、化学物質の濃度の高い空間に長期間暮らしていると健康に有害な影響が出るおそれがあります。
（国土交通省住宅局「快適で健康的な住宅に暮らすために」、ＰＤＦ二頁）

どの化学物質をどれだけの濃度以下にしなければならないのかについては、厚生労働省がホルムアルデヒドなど一三物質について、室内濃度指針値をガイドラインとして具体的に明確化しています。この基準値に基づいた規制が、内装仕上げの制限です。建築材料の区分として、ホルムアルデヒドの発散速度が 0.005 mg/(m^2・h) 以下の建築材料はＦ☆☆☆☆と表示され、内装の仕上げに制限なしで使用することができます。しかし、ホルムアルデヒド発散速度が 0.12 mg/(m^2・h) を超える建材は☆の表示を行うことができず、内装仕上げに使用することが禁止されています。ここでよく考えていただきたいのは、このガイドラインが対象としているＶＯＣはホルムアルデヒドだけであり、他のＶＯ

Cについては、建築材料としては規制を受けていないことです。国土交通省もこのことには気付いているのか、内装仕上げの規制に加えて、住宅等の居室については、0.5回/h以上の機械換気設備の設置を義務付けています。これは、室内の空気の半分を一時間のうちに入れ替えることができる換気扇を常に動かしておくことという意味です。この二つの規制により、日本国内のシックハウス症候群の患者さんは大幅に減少し、一定の効果が確認されています。

しかしながら、喉元を過ぎると熱さを忘れるということわざではないですが、皆さん、特に冬場に寒いからと言って、二四時間換気を止めたりしていないでしょうか。二四時間換気を止めたからと言って、すぐにシックハウス症候群が発症することは稀だと思いますが、VOCが体内に長年蓄積されることによる発症リスクの上昇が危惧されます。一方で、寒くても我慢して二四時間換気をしなさいと強制するのも違うように思います。余裕のあるお宅は、全熱交換器といった、換気をしても室内が寒くならない換気設備を導入いただければベターかと思いますが、すべてのお宅に全熱交換器が導入できるとは考えられません。

では、どうすればいいでしょうか。一つの選択肢としては空気清浄機の利用が考えられますが、0.5回/hの換気設備と同じ効果がある空気清浄機をどのように選んだらいいのかわからない、まさに空気の〝ものさし〟となる基準がないことが課題でした。

そこで、東北文化学園大学・野﨑淳夫教授が主査を務められて、二〇〇三―二〇〇五年度に実施された、国土交通省・総合技術開発プロジェクト「シックハウス対策総合技術の開発」に参画し、換気装置の代わりに空気清浄機を用いるには、どのように選定すればいいのかがわかる家庭用空気清浄機の評価試験方法を作成しました。つまり、空気清浄機の有害ガス除去性能を換気量と同じ〝ものさし〟で測定できるようにしたのです。

花粉症にならない空気

次に、空気中の花粉を減らすことにより、花粉症を予防するための〝ものさし〟となる基準作りの取り組みについて説明します。二〇一九年には日本国民の四割を超える人が花粉症になっていると言われていました。花粉症は、ずっと昔からある病気のように思われるかもしれませんが、一九九八年には国民の一九・六％だった花粉症の罹患率が二〇一九年には四二・五％となり、この二一年で二・五倍に患者さんの数が増えているのです。花粉症はなぜ発症するのかというと、体の中に入ってきた花粉（抗原）に対応するための抗体が作られるからです。数年から数十年花粉を浴びるとやがて抗体が十分な量になり、花粉症が発症します。

その意味では、子供は何十年も花粉を浴びている訳ではありませんので、花粉症の子供はいないはずなのですが、近年、そうではないことを示すデータが報告されています。昭和五八年度の一四歳以下の子供の花粉症罹患率は二・四％だったものが、平成二八年度には四〇・三％と、ここ三三年で一七倍に急増しているのです。この原因は国内のスギ花粉の飛散量が増加しているためと言われていますが、子供以外の年齢層の増加率は、ここまで大きくなっていないことを考えると、論理的な説明になっていないと思われます。なぜ、私が子供の花粉症罹患率に着目しているかと言いますと、子供時代に小児喘息や食物アレルギーなどアレルギー症状を発症した子供は、大人になっても気管支喘息など成人型アレルギーに移行してしまうアレルギーマーチという現象があり、四割を超える子供が花粉症になってしまうと、その子供は一生、アレルギー症状に悩まされることが危惧されるからです。

では、花粉症にならないために何をするべきでしょうか。最も有効な方法は、吸い込む花粉アレルゲンの量を減らすことだと思います。具体的な花粉対策として、マスク、メガネ、空気清浄機などが市販されていますが、製品（業界）ごとに、試験方法も、花粉症にどれぐらい効果があるのかの基準値もバラバラで、空気の〝ものさし〟基準がないことが課題でした。

そこで、二〇一二年から現在まで、元東京大学教授で経営学者の妹尾堅一郎先生らを発起人として立ち上げた花粉問題対策事業者協議会（Japan Anti-pollinosis Council, JAPOC）に参画し、「空気清浄機による空気中の花粉（花粉片）除去性能評価試験方法」の策定、認証制度の立ち上げを行ってきました。

ここで着目したのは、空気中の花粉の測定方法です。日本国内で正式な空気中の花粉の測定方法として認められているのは、ダーラム法です。ワセリンを塗ったスライドガラスを屋外に二四時間設置し、落下した花粉を染色して、顕微鏡で数を数える方法で、壊れていない花粉は測定できますし、この結果により、花粉情報が皆さんに提供されています。壊れていない花粉の大きさは三〇─四〇マイクロメートルで、大きい粒子なので、毎秒三─四センチメートルの速さで落下し、一分以内に口元から足元に落ちてしまうのです。屋外であれば、はるか上空から地面に落ちる間に人が吸い込むことも考えられますが、我々が主に吸い込んでいる空気は、地上から一メートル以上の口元にある空気なのです。そうであれば、我々が花粉を吸いこむ可能性は、とても低いはずですが、実際に花粉症の患者さんは、その空気を吸って、涙や鼻水が出て発症しています。

その謎を解くカギとして、埼玉大学の王青耀教授らの「スギ花粉飛散期における飛散花粉数およびアレルゲン含有微小粒子状物質の高濃度出現の時系列挙動差異」という学術論文があります。この論文によると、スギ花粉が飛ぶ時期の空気中に含まれる花粉症の原因物質（抗原）であるCry j1、Cry j2の多くは、一・一マイクロメートル未満の粒子に含まれているということです。つまり、我々が吸い込んで花粉症を発症している花粉は、壊れていない花粉の三〇分の一から四〇分の一の大きさの花粉のかけら、つまり花粉片なのです。

話を花粉対策製品評価の〝ものさし〟に戻しますと、これまでの〝ものさし〟では、壊れていない四〇マイクロメートルの花粉を対象に試験を行ってきました。なぜなら、大きな花粉であれば、それを除去するのに目の細かいフィルタやマスクは不要なので、対策製品を安く作ることができるためです。JAPOCでは、消費者が花粉対策製品を使用した時に効果があるものと、ないものを消費者が選択できるように、実際に消費者が吸い込む花粉片で試験を行い、協議会が定めた性能を満たす製品にはJAPOC認証マークを表示できるという認証制度を立ち上げ、花粉対策製品の選択の目安にしてもらおうという活動を続けています。現在までに、空気清浄機から始めて、六つの試験規格と認証制度を立ち上げてきました。このような形で、花粉症にならない空気の〝ものさし〟、基準作りを進めています。

ウイルスに感染しない空気

次に、空気中のウイルスを減らすことでウイルス感染を予防するための〝ものさし〟、基準作りの取り組みについて説明します。皆さんの記憶に新しいのは、二〇二〇年一月六日に厚生労働省からプレスリリースのあった新型コロナウイルスのパンデミックではないかと思います。しかし、パンデミックは、新型コロナが初めてではなく、一九一八年に世界人口の一五―三〇%が罹患し、約四〇〇〇万人が亡くなったと言われているスペイン風邪や、最近では、二〇〇九年の豚由来の新型インフルエンザなど、何度も繰り返し発生してきました。

ウイルスの感染経路は、接触感染、飛沫感染、空気感染に分類され、ウイルスに触れた手で鼻や口を触り感染する接触感染予防のために手洗いを、ウイルスを含んだ飛沫を吸い込んで感染する飛沫感染の予防のためにマスクを、空気中に浮遊しているウイルスを吸い込んで感染する空気感染の予防のために換気や空気清浄をしましょうというのが主な対策でした。今回の新型コロナウイルスは、体内に吸引したウイルスの数が、これまでの季節性インフルエンザウイルスなどと比べると少ない数で発症するためだと思われますが、空気感染（エアロゾル感染、飛沫核感染などとも呼ばれますが）が主な感染源となっていたため、その対策手段である換気にフォーカスされることになりました。

では、皆さんが普段暮らしている家や勤務先のオフィスなどの換気量をご存じでしょうか。日本は、世界的に見ても、換気に対する感度は高い方で、家庭、会社、学校など、それぞれの場所に応じて、換気が義務付けられています。家庭については、前述のシックハウスにならない空気のパートにも書かせていただいた通り、建築基準法により、一時間につき〇・五回の機械式換気が義務付けられています。二酸化炭素の濃度も 1000 ppm 以下と規定されています。会社については、ビルの大きさにもよりますが、延床面積 3000 m^2 以上の建物は特定建築物とされ、建築物における衛生的環境の確保に関する法律が適用されます。具体的には、一人当たり一時間につき 30 m^3 の換気量が必要で、二酸化炭素の濃度も 1000 ppm 以下と規定されています。学校は学校環境衛生基準が適用され、二酸化炭素濃度は 1500 ppm 以下であることが望ましいとされています。つまり、家族の中で、子供が勉強する学校が最も換気の悪い、感染リスクの高い場所なのです。

思い出していただきたいのですが、小学校、中学校、高校の教室には、換気扇がついていなかったのではないでしょうか。これは、先ほどの学校環境衛生基準においても、教室は、休み時間に窓開け換気をすることが前提とされているためです。最近は、教室への空調機の設置は、一〇〇%近くまで進んでいますが、換気は、相変わらず、窓開けで行いましょうということになっています。新型コロナのパンデミックが一息ついた令和五年四月二八日に文部科学省が発行した、「五類感染症への移行後の学校における新型コロナウイルス感染症対策について（通知）」には下記のようにあります。

新型コロナウイルス感染症の感染経路は、接触感染のほか、せき、くしゃみ、会話等のときに排出される飛沫やエアロゾルの吸引等とされており、換気の確保は、引き続き、有効な感染症対策となります。このため、換気は、気候上可能な限り常時、困難な場合はこまめに（三〇分に一回以上、数一分間程度、窓を全開する）、二方向の窓を同時に開けて行うようにします。

窓開け換気の課題は、空調した空気を外に捨ててしまうことによるエネルギー消費量の増大だけでなく、窓際の生徒さんが、夏場は暑く、冬場は寒いのを我慢して授業を受けなければならないことです。特に問題なのは冬場です。昔から体を冷やすと風邪を引くよと言われていますが、体温が下がると人の免疫力が低下することについては、さまざまなエビデンスが取られていて、事実だと思われます。新型コロナ対策のために窓開け換気をすることで、窓際の生徒さんの体温が下がり、免疫力が低下し、逆に感染リスクが上がってしまっては、窓開け換気は、感染対策ではなく、感染の助長につながっているということになります。この問題点には文部科学省も気づいているのか、換気により室温を保つことが困難な場合が生じることから、室温低下による健康被害が生じないように、児童生徒等に暖かい服装を心掛けるよう指導して下さいと書かれています。しかし、本来行うべきである教室への換気装置の導入ではなく、窓を開けて換気をして、寒いから厚着をしなさいというのは正しい姿なのでしょうか。

新型コロナウイルスのパンデミックが始まってすぐの二〇二〇年六月に、東京大学総長（当時）の五神真先生から、新型コロナにより学校で教育が継続できなくなるおそれがあるので、すぐに実行可能な技術で教室の安全を守る対策を考えてみてほしいとの依頼があり、それをきっかけに東京大学・大宮司啓文教授、菊本英紀准教授、加藤信介名誉教授、東北文化学園大学・野崎淳夫教授と一緒に、さらには、接触感染対策の研究をされている東京大学・脇原徹教授、日本ペイントホールディングス様と共同で、呼吸器感染症の感染リスク低減のための教育現場向け参考ガイドを策定し、二〇二一年一〇月一二日にプレスリリースを行いました。

このガイドの中では、学校の教室での実測結果と気流シミュレーション結果から、機械式換気はもちろん、空気清浄機を設置することでも、厚生労働省がこの条件を満たせば安全としている一人当たり毎時 30 m^3 以上の換気量が実現できることを示しました。さらに、実際にこのガイドを使用する学校の先生や用務員、教育委員会の先生方のために、教室の大きさや既に換気扇が設置されているかどうかなどを入力すれば、新たに追加しなければならない換気量がわかるようにしました。また、換気装置の設置が工事や大きな予算が必要で難しい場合には、家庭用空気清浄機を何台、どこに設置すれば、必要な換気量を満足できるのか計算可能なフローやワークシートも付属させました。このような形でウイルスに感染しない空気の〝ものさし〟、基準作りを進めています。

うるおいのある空気

次に、うるおいのある空気により高原などのような気持ちのいい空気を作るトライアルについて説明します。うるおいのある空気は、ダイキン工業が最も力を入れてきた分野です。住宅用では、給水不要で加湿ができるルームエアコンうるるとさらら、加湿ストリーマ空気清浄機など、業務用では、給水配管レス調湿外気処理機デシカなどの湿度コントロール機器を販売しています。

前節で、場所により換気に関する基準が違うことをお伝えしました。湿度に関しても、適用される法令は違うのですが、換気と同様に基準値が定められていて、会社では相対湿度四〇―七〇%、住宅も相対湿度四〇―七〇%、学校は三〇―八〇%とほぼ同じ値になっています。相対湿度四〇%以上にする目的は、ウイルス感染リスク低減です。相対湿度四〇%以上になるとウイルスの寿命が短くなるという研究論文に基づくものです。相対湿度七〇%以下にする目的は、カビ増殖防止です。相対湿度七〇%以上になるとカビの増殖速度が大きくなるという研究論文に基づくものです。

では、うるおいのある空気により高原などのような気持ちのいい空気を作ることができるかというと、相対湿度が四〇―七〇%であっても、高原にいる時のように気持ち良く感じることは難しいと思います。ただ、湿度が人にとって不快な条件になってしまうと、とても気持ち良く感じることはできませんので、湿度が気持ち良く感じるための必要条件の一つであることに間違いないと思います。

また、湿度は、ウイルス感染リスク、カビ発生リスクを低減するだけでなく、夏場に空調の設定温度を下げすぎなくても涼しく感じる、冬場に空調の設定温度を上げすぎなくても暖かく感じることができるという効果があります。この効果により、空調で使用する電力を抑えて、二酸化炭素排出量削減に貢献することができますし、暑がりの人と寒がりの人が同じ部屋に居ても、どちらも快適に過ごすことができるという価値も提供することができます。このような形でうるおいのある空気の価値を追い求めています。

香りのある空気

次に、香りのある空気により気持ちのいい空気を作るトライアルについて説明します。香りと言えば、アロマテラピーという言葉を聞かれたことがあると思います。定義とメカニズムについて、日本アロマ環境協会ホームページには、下記のように記載されています。

アロマテラピーとは
花の香り。フルーツの香り。森の香り。植物の香りは、私たちの心や身体にさまざまに働きかけます。アロマテラピーは、植物から抽出した香り成分である精油（エッセンシャルオイル）を使って、心身のトラブルを穏やかに回復し、健康や美容に役立てていく自然療法です。
アロマテラピーのメカニズム
五感の中で唯一脳にダイレクトに伝わるのが「嗅覚」です。香りの分子を嗅覚がキャッチすると、感情や本能をつかさどる「大脳辺縁系」や、自律神経をつかさどる「視床下部」にその情報が伝わり、体温や睡眠、ホルモンの分泌、免疫機能などのバランスを整えます。

アロマテラピーは、二〇世紀初頭、つまり今から約一〇〇年前から、美容、健康増進、リラクゼーションなどの効果について検証されてきた歴史があります。ダイキン工業でも、現在は販売しており

ませんが、二〇年前に業務用空気清浄機の付加機能として、香り発生器を販売しておりました。香りを制御して提供しようという試みの歴史は長く、ダイキン工業だけでなく多くの企業が香りに関する製品を販売してきました。

それなら、香りのある空気によって気持ちのいい空気を作ることは簡単ではないかと思われるかもしれませんが、そのような技術や商品、サービスを私は見たことがありません。そもそも高原などの気持ちのいい空気には何が入っているのかを調べた論文も見当たらなかったので、自分たちで、色々な気持ちのいい場所の空気を測ってみることにしました。

まずは比較のために、当時、我々の研究所があった大阪府堺市の空気を集めてＧＣ－ＭＳというガス分析装置で測定しました。結果はガスの種類ごとに、そのガスが存在していれば、そのガスの場所にピークが出て、ピークの大きさでそのガスの濃度がわかるというクロマトチャートで表示されます。堺市の空気は環境基準を上回るような劣悪な、健康被害が出る空気環境ではないにもかかわらず、エタノールやトルエンなど多種多様なＶＯＣが含まれていることがわかりました。空気がきれいになったと言われる日本でも、街中の空気には、今なお大量のＶＯＣが含まれ、我々は日々、その有害物質を吸いながら暮らしていることを再認識しました。

次に、高原などの気持ちのいい空気を分析しようと、長野県蓼科高原と、北海道美瑛、富良野の空気を測定してみました。蓼科高原の空気を分析してみると、フィトンチッドやテルペン類といった植物由来の香り成分が大量に検出され、気持ちのいい地域ごとに植えられている植物も違うので、地域ごとに特徴的な香り成分を見つけられることを期待していたのですが、どの地域の空気を測定しても、植物由来の香り成分は特定できるほど含まれていないことがわかりました。それどころか、蓼科高原の空気からは、ビーナスラインという道路から二〇〇メートル以上離れた森の中でサンプリングしたにもかかわらず、車の排気ガス由来と思われるVOCが、堺の空気と比べると格段に低い濃度ですが、検出されました。美瑛、富良野の空気は、自動車排ガス由来のVOCも、植物由来の香り成分も含まれていないピュアな空気であることがわかりました。

冒頭で、水と空気の比較をして、水で言うとミネラル成分の多い硬水のような空気が、香りのある高原などの気持ちのいい空気ではないかと考えて、高原などの気持ちのいい空気に含まれている香り成分を追い求めてきました。ところが高原などの気持ちのいい空気は、硬水のような空気ではなく、夾雑物をほとんど含まない究極の軟水のような空気であったという想定外の結論になってしまいました。

誤解していただきたくないのは、香りのある空気は、高原などの気持ちのいい自然の空気とは違うというだけで、香りのある空気に価値がないと言っているのではありません。香りのある空気を楽しむ文化は、日本にも海外にも昔から行われており、自分の好きな香りを楽しむことには価値があると考えています。

空気の価値化とは

これまで二〇年以上にわたって試行してきた、シックハウスにならない空気、花粉症にならない空気、ウイルスに感染しない空気の〝ものさし〟、基準値を決めようというトライアル、うるおいのある空気、香りのある空気で高原などのような気持ちのいい空気を作るトライアルをご紹介しました。

今回ご紹介した内容以外にも、よく眠れる空気、生産性が向上する空気、お肌がきれいになる空気、食事がおいしくなる空気など、価値のある空気とはどういう空気なのかについて社内でもたくさん議論していますが、なかなか結論にたどりつけていません。社内の人間だけに留まらず、もっと多くの、多様な人に一緒に考えていただく機会を持たなければならないと考えています。

その意味で、今回の連続講義で我々が取り組んでいることを知っていただき、聴講してくださった皆さんに一緒に考えていただいたことからは、講義後の質疑応答も含めて、多くの発見や学びがありました。今後も積極的に周りを巻き込み、空気の価値化に結論を出していきたいという思いを強くしました。

質疑応答

A：空気を価値化するという行為は人間の価値観そのものに大きな影響を与えると思いました。例えば、きれいな空気を出すことを考えると、きれいな空気のことを「正しい空気」として扱うようになり、転じて汚い空気のことを「誤った空気」として扱うようになっていくのではないでしょうか。スモッグによる公害などについて考えると、人間の活動によって空気が汚染されたのに、人間の価値観でそれを汚い空気、誤った空気だと価値判断してしまうわけですよね。「空気をいかに価値化するか」

だけではなくて、その行為が引き起こす人間の価値観の変化などについてはどのように意識して取り組みをなさっているのでしょうか。

香川：おっしゃるように、空気が良くなったり悪くなったりするのは人間の活動によるところが非常に大きいものです。だから私は、人間が自分の身の回りにある空気について、そもそもそれが自分にどのような影響を与える質のものなのか、また自分の普段の活動が空気にどのような影響を与えているのか、そういったことを意識しないことこそが一番の問題だと考えています。今回のような講義を通じて皆さんにそういったことを意識していただき、まず自分の身の回りにある空気のことをよく知り、うまく付きあっていく、そういう行動につなげていただきたいと思います。

B：空気を物質的な空気と雰囲気の空気の二種類に分けた場合、空調メーカーとしてはやはり前者を重視した研究を進めていかれると思うのですが、後者についても空調以外の側面から何か取り組んでいらっしゃるようなお話があればお聞かせください。

香川：まさに、物質的な空気しかこれまでは扱ってこられなかったのです。これからは空調機器を販売しつつ、そこにサービス、ソフト的な要素を加味して、利用者一人一人に寄り添ったものをいかに提供できるのか、そのような切り口を事業に備えていきたいと考えています。物質的なだけでなく、もっと感情的なものにつながる空気を作るということです。そこにいる人たちの空気感、雰囲気とでもいうべきものが良くなるような空間をどうやって作ればいいのか、そういうことを考えるには、物質的な条件だけではなく、そこに集うのはどういう人たちなのか、どうアプローチをしてつながりを作っていけばいいのか、ということを考える必要があります。空気の価値化について考えることは、このような新しい事業にもつながっていくと考えています。

読書案内

文中で示さなかった文献をいくつか記します。シックハウスにならない空気については、野崎淳夫ら『シックハウスを防ぐ最新知識――健康な住まいづくりのために』(日本建築学会、二〇〇五年)の中で、発生源対策と低減対策の両方について包括的に記述されています。花粉症にならない空気については、文中に記載した王青耀先生の文献以外に、菅原文子「住居内侵入スギ花粉エアロゾルに関する研究――粒径分布・換気量・落下構造」(日本建築学会大会学術講演梗概集、一九九七年九月)で詳細な検討がされています。ウイルスに感染しない空気、うるおいのある空気については、G. J. HARPER "Airborne micro-organisms : survival test with four viruses" (The Journal of hygiene 1961 Dec, 59(4): 479-86)と、阿部恵子「好乾性カビをバイオセンサーとする室内環境評価法」(『防菌防黴』Vol. 21、一九九三年)は参照されるべきだと思います。

III　空気の社会・経済的価値

第7講

「新しい価値」の台頭と空気の価値化

坂田一郎

さかた・いちろう●東京大学大学院工学系研究科教授、東京大学総長特別参与。一九六六年生まれ。専門は、イノベーション・システム、計算社会科学、計算言語処理。東京大学経済学部卒業、ブランダイス大学で国際経済・金融学修士号取得、東京大学大学院工学系研究科より博士号（工学）を取得。分担執筆に『日本の先進技術と地域の未来』（東京大学出版会）、『クリエイティブジャパン戦略』（白桃書房）など。

はじめに

本講では、「空気の価値化」について、三つの段階を踏んで考察を深めていきたいと思います。最初に、価値そのものに立ち返って考えてみます。ここでは特に、社会が物質的に飽和し、グリーントランスフォーメーション（GX）とデジタルトランスフォーメーション（DX）という「二重のパラダイムシフト」が進む中で台頭している「新しい価値」に注目します。我々が追究すべき空気の価値を理解するには、工業化時代に定着した伝統的な概念の呪縛から抜け出して、市民社会によるグローバル・コモンズへの共感や人の心理や感性、倫理観に立脚した新しい価値に寄り添うことが大事であることを示します。次に、そのような新しい価値が、どのような枠組みによって生み出されているのか、すなわち、価値化されているのかについて議論します。社会に拡がる共感の波と、それに正対して社会が求める諸要素を経済的にも評価されうる安定的な価値へと転換する社会システムの役割が大変に重要であることが見えてきます。最後に、新しい価値軸の下で、空気の価値化を通じて、より良い未来社会に貢献するための方策について、三つの角度から考えてみたいと思います。

「新しい価値」の台頭

伝統的に、製品やサービスの価値は、その性能、機能、品質、耐久性、便利さ、安全性、納期の速さなどといった要素によって規定され、評価されてきました。また、それらを具体的に定義した上で、測定する方法が開発されてきました。これらを総合した価値が供給価格を上回れば、消費者余剰が生まれ、人々や企業は購入するという判断を行うものと考えられています。しかし、今日、我々の生活に身近なところで普及している製品やサービスを観察してみると、それだけでは説明がつかない事例が数多くあることに気づかされます。わかりやすい例は、紙のストローです。紙ストローは、プラスチックのそれに比べて、コストは格段に高く、一方で、吸水してしまうため機能性は劣ります。それでも、街のカフェなどでは、プラスチックから紙への代替が急速に進んでいます。その背景には、海洋に流出したプラスチックが生態系に与えた影響に関する衝撃的な写真がありました。海に生きる生物たちの保護を多くの人たちが自分事と感じたことで、プラスチックの使用抑制への動きが世界的に大きなうねりになっています。そうしたことを受けて、海洋やそこに形成された生態系としてのコモンズを守るという、紙のストローが帯びるミッション性が、コストや機能性の面でのハンディキャップを上回る評価を受けた事例と言えるでしょう。

もう一つ例を挙げましょう。東大発ベンチャーの代表として、ヘルスケア、バイオ燃料、ソーシャルビジネスなどを展開するユーグレナという企業があります。微細藻類ユーグレナの和名はミドリムシであり、その食用屋外大量培養を初めて成功させ、それを起点として事業を成長させてきた会社です。大規模な先行投資資金を集めたユーグレナ社の成功の背景には、技術力や経営力だけでなく、創業当初に目標として掲げたバングラデシュのような発展途上国における栄養問題の解決や、同社が現在もフィロソフィとして掲げているSustainability Firstという考え方に対する社会からの共感があっ

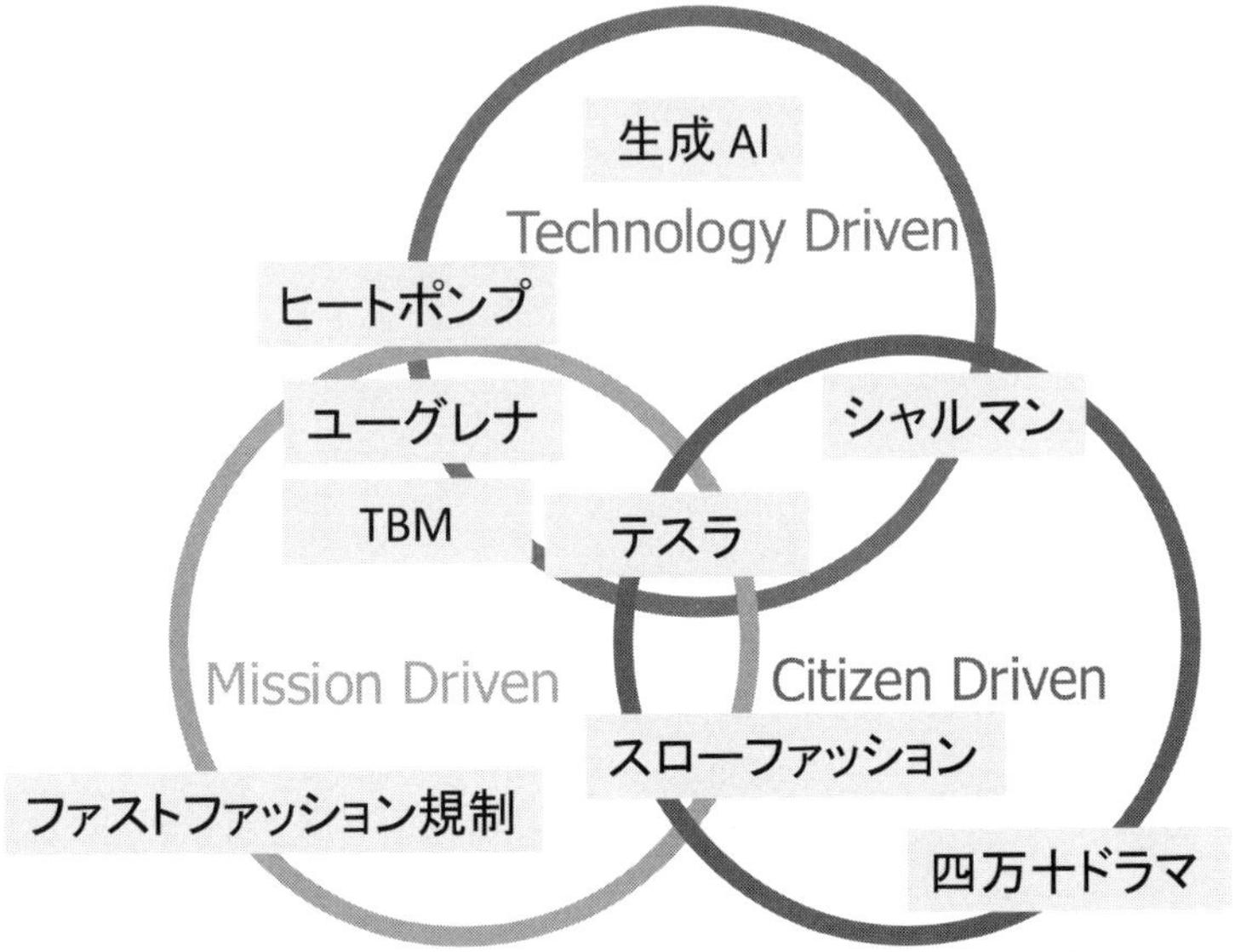

図 1　「新しい価値」を生みだす三つの力　（出典）筆者作成

たものと考えられます。組織が掲げる無形のフィロソフィが社会を動かし、価値を生み出した事例と言えます。やはりスタートアップ企業で、プラスチック代替素材や再生材料に対するニーズに応えながら、マテリアルリサイクルやサーキュラーエコノミーの実現を掲げるＴＢＭ社も同様の例です。

新しい評価軸が価値を生み出している例はほかにもいろいろとあります。幾つか挙げると、人のきめ細かな感性へのアピールが価値を生み出したシャルマン社（鯖江市）の、掛けたあとに鼻に跡がつかないサングラス、一つのアイテムを長く使う価値観を支え、環境負荷の低減、生態系の保全や人権にも配慮を払うスローファッションに対するステラマッカートニー社などの取り組み、四万十川の清流に根差したナラティブやシーンを高い付加価値へとつなげることに成功した四万十ドラマ社による地元特産の地栗を主とした食品群などです。

以上のような事例を目の当たりにすると、有形のモノが大量に必要とされていた工業化時代から、モノがあふれ、物質的に飽和した知識集約化時代への移行に伴って、価値の源泉が変質をしたと考えざるをえません。工業化時代には、コスト対効果、性能、品質、耐久性、新しさといった有形のモノを前提とした諸要素が価値を支えていたわけです。例えば、自動車の場合、燃費、加速度、故障率といった定量的な情報が定期的に公表、比較され、世界最大のアメリカ市場において消費者にとっての重要な評価軸になっていました。しかし現在では、商品・サービスの生産や提供が脱炭素やサーキュラーエコノミー、自然資本の維持・再生にどの程度貢献するのか、商品・サービスの生産や消費が倫理的で公正な活動とみなせるものであるか、商品・サービスの背景にあるナラティブが社会からの共感をどの程度引き出すものであるのか、そういった側面が伝統的な価値軸と組み合わさって価値を生み出してると解釈するのが適切です。

一方で、このような新しい価値が社会に深く浸透しているとは言えません。我々がこれまで当たり前のように使ってきた価値を測る物差し、例えば、移動の最高速度、容量、耐用年数、故障率、平均の納期、計算速度などといった指標と同種のもので新しい価値を測ることは困難です。そのことが、社会からの十分な認知を妨げているのです。新しい価値を社会に包括的に認知してもらうためには、価値に対する洞察を深め、それに基づいて新しい物差しを定義し、開発していくことが欠かせません。その基盤として、まず新しい価値の源泉を理解することが重要です。なぜなら、現在の想定を超えた革新的な物差しは、価値の特性を正確に踏まえて作成しなければ、社会からの共感を得られず、機能しないからです。第一歩として、私なりのマトリックスを用いて簡単な分析をしてみたいと思います。ここでは、Technology, Mission, Citizen という三つの Driven に基づく簡単な枠組みを提案します(**図1**)。Technology Driven とは、革新的技術によって我々が従来はなしえなかった活動を可能として新種の価値を生みだす、そういったものです。Mission Driven とは、気候変動、サーキュラーエコノミー、ネイチャーポジティブ、オゾン層保護といったトップダウンの達成目標の登場が価値を創りだすものです。一方、Citizen Driven では、市民社会の有り様や市民目線の変化した部分が新たな価値軸を支えています。図でも表現したように、これら三つの Driven の間には、オーバーラップ、すなわち、複数の Driven が合成されて価値を形成する場合も想定されます。

先ほど挙げた例を含めて、よく知られた事例をこの枠組みの上にマッピングしてみました。まず、Technology Driven ですが、生成ＡＩは、大半の人の予想を超えた驚きのテクノロジーがこれまで人間ができなかったことを可能とし、または作業効率の劇的な向上を実現することで、価値を生みだしています。ただ、すこし考えてみても、純粋な技術面による先導で新しい価値が生みだされているものを生成ＡＩ以外に見つけるのはなかなか困難です。先ほど例に挙げたユーグレナやＴＢＭは、新技術を開発し、市場での競争力の核としていますが、彼らの製品が謳う高いミッション性を考えると、Technology Driven と Mission Driven との重なりに置くのが自然です。電気自動車を製造・販売するテスラは、ハイセンスなデザインに加え、アップグレードやコネクティビティといったＩＴフレンドリーな感覚がユーザーから高い評価を得ており、三つの Driven の交点に位置するものと考えられます。一方、シャルマンや四万十ドラマ、スローファッションに取り組む各社の商品やサービスは、市民目線や感覚に根差したCitizen Drivenの領域の方に寄っているものと捉えられます。

このように整理してみると、工業的に製造されたものから新しい価値を生みだすためには、技術の革新に加えて、このMission DrivenやCitizen Drivenとの交点に位置取りをさせることがいかに重要であるかということがわかります。

新しい価値を支える二つの要素——Well-beingと社会システム

次に、先に述べたような新しい価値の台頭を支えている二つの基幹的な要素について深掘りをして、議論してみたいと思います。一つ目は、Well-beingです。最近よく使われるようになってきた言葉ですが、これは、身体的、精神的、社会的に満たされた状態のことを指します。本講では、以後、幸福実感と表現します。先に取り上げた三つのDrivenの中では、Citizen Drivenに最も関連が深いと言えます。幸福実感の変質が新しい価値の台頭を市民の側から下支えしていると捉えます。もう一つは、新しい社会システムの創造です。それは、社会の側から価値を安定化させる役割を担います。現在特に、気候変動の抑止や生態系保護のようなMission Drivenの領域と、Technology Drivenに含まれるAIと情報プラットフォームに関して、次々と新しいシステムが生みだされています。さらにそうした創造活動が国境を越えて、世界的な規模で連動しているのが最近の特徴です。

最初に、幸福実感を取り上げて、新しい価値との関係を具体的に考えてみましょう。Science誌に掲載されたグラハムらの論考（C.Graham et al., “Well-being in metrics and policy”, Science vol.362（2018）pp. 287–288.）によれば、Hedonic, Evaluative, Eudaimonicという三つの類型のメトリクスでそれを測ることができるとされています。それによると、一つ目は、楽しみ、ストレス、怒りなど個人の感情状態とそれらが日常生活で果たす役割を捉えたものです。二つ目は、自分が送りたい人生の選択ができるかどうかなど生涯にわたる個人の満足度を評価するものです。三つ目は、個人が自分の人生に目的や意義を見出しているかを評価するものです。同じ論考には、幸福実感と相関の高い要素も挙げられています。これはみなさんも予想できることだと思いますが、最も相関が高いのは、家計の収入の水準です。それと密接に関連する雇用の状況も大きな影響を与えます。しかしながら、そうした項目以外では、金銭的に計測することが難しい要素が並んでいます。例えば、昨日笑ったかどうか、何かを学んだかどうか、健康上問題がないかどうか、何をするかの選択の自由度が個人にあるかどうかです。また、幸福実感は、これらの絶対的な水準だけでなく、周囲の環境によって影響を受けることがよく知られています。例えば、失業率が高い状況下で失業するのは、そうでない場合に比べて、幸福実感を押し下げる効果が小さいのです。従って、幸福実感というのは、経済的な物差しだけで測ることはできず、また、社会の状況変化によって影響を受ける不安定な指標であると言えます。

こうしたことを体系化して捉えるために、ここで、幸福実感に関する我々独自の研究を紹介したいと思います（H. Yamano and I. Sakata, “Assessing research trends and scientific advances in well-being studies”, AAAI Spring Symposium 2023 on “Socially Responsible AI for well-being”.）。分析の対象は、世界中の学術論文のうち、著者自身が自分の研究がWell-beingに関係があると述べている約一〇万件です。そこに現れてい

表1　Well-beingの主要12領域

#	Theme	Year	Papers	Words
1	Older	2011.9	6740	Satisfaction, Life satisfaction, Subjective, Older, Older adult, Swb, Happiness, Adult
2	Work	2015.1	6052	Employee, Job, Work, Workplace, Leadership, Satisfaction, Organizational, Job
3	Income	2014.9	5241	Happiness, Satisfaction, Subjective, Life satisfaction, Income, Inequality, Swb, Economic
4	Meaning	2015.5	4984	Psychological, Meaning, Student, Satisfaction, Mental, Mental health, Eudaimonic
5	Youth	2014.7	4902	Child, Adolescent, School, Student, Youth, Parent, Family, Satisfaction
6	Cancer	2013.2	4192	Cancer, Spiritual, Patient, Religious, Spirituality, Breast cancer, Breast, Survivor
7	Nature	2016.3	4060	Ecosystem, Ecosystem service, Biodiversity, Urban, Green, Human, Green space, Nature
8	Motivation	2015.5	3895	Motivation, Satisfaction, Autonomy, Determination theory, Determination, Psychological need
9	Mindfulness*	2017.7	3477	Mindfulness, Compassion, Student, Meditation, Stress, Physician, Covid, Resident
10	Family	2011.3	3426	Child, Parent, Family, Father, Mother, Divorce, Parental, Marital
11	Health	2012.4	3201	Patient, Diabetes, Covid, Symptom, Depression, Quality, Disease, Treatment
12	Gratitude*	2016.8	3041	Gratitude, Emotion, Positive psychology, Positive, Student, Happiness, Psychology, Forgiveness

（出典） H. Yamano and I. Sakata, "Assessing research trends and scientific advances in well-being studies", AAAI Spring Symposium (2023)

る第一線の学者の興味や問題意識は、社会の動きをやや先取りするものです。時系列で追ってみるとCOVID－19以降、出版数がかなり増え、このテーマが学者の関心を引き寄せていることがわかります。この一〇万件の論文を引用ネットワーク分析の手法を用いて内容に応じて自動分類したものがこの**表1**です。なお、各グループの名称は、右側に列挙された論文中に頻出する特徴語を踏まえて我々が付したものです。上から二番目の「仕事」、三番目の「収入」は経済的な要素ですが、四番目の「意味又は意義」、八番目の「動機」、九番目の「マインドフルネス」と一二番目の「感謝」は精神的な要素、六番目と一一番目は「健康」、七番目は「自然資本」の関係と、経済的なものでない要素の方が多いことがわかります。

次に、これら一二の知識グループごとに、最近のホットスポットになっている研究イシューは、どのような学問分野に属しているのかを特定をしました。その結果、ほとんどのグループで環境科学に分類される論文が該当することがわかりました。この事実は、幸福実感と自然環境が幅広く結び付いてきていることを示唆しています。価値創出に関して、自然環境はその保護・再生や脱炭素への貢献といったMission Drivenに関連深いものとして我々は考えがちですが、実はそれだけではなくて、幸福実感を含むCitizen Drivenによる価値創出、例えば、自然に身近で触れることによって潤いや憩いが得られる、そういう感覚にもつながっていると考えられます。世界最大の学術出版社の一つであるSpringer Nature社と東京大学とが、二〇二三年の春に主催したSDGsカンファレンスでは、実際に、人が集まる都市、自然資本、持続可能性の三つのネクサスを主題に設定して、先進的な議論が行われました。押さえておきたいことは、ここまで述べたような幸福実感を左右する重要な要素やそれらの変化は、先に紹介をした新しい価値の実例とよくマッチしているということです。

次に、新しい価値を生み出すことを助ける装置としての社会システムの話題に移ります。Well-beingの変化は、新しい価値の源泉を創り出している要素ですが、社会システムは、新しい価値を顕在化させ、経済的な価値として安定化させる役割を担うものです。社会システム論はタルコット・パーソンズやニコラス・ルーマン以来の長い伝統を持ちますが、ここでは、社会システムを、個人や組織、様々な社会集団の間に存在し、それらの総体を対象に安定した秩序を形成する人工的な仕組み、またはそれによって生み出される個人や集団間における秩序ある相互関係の束と捉えます。仕組みの構成要素としては、法令等のハードロー、民間の規約、自主規制、行動規範、標準、ガイドライン、制度の解釈等からなるソフトロー、産学官で共同して作成されたロードマップや社会慣行などが含まれます。宇沢弘文先生が提唱された「社会的共通資本」においては、その一類型である制度資本と位置づけられています（『宇沢弘文の経済学——社会的共通資本の論理』、日本経済新聞出版社、二〇一五年）。

このような社会システムは、その存在によって多面的な社会的便益を生み出しています（**図2**）。その中に、本講での議論の本題である価値の付与、あるいは、その逆の価値の減殺を通じた、より良い

○市場の失敗の修正 ○取引コストの軽減 ○権利の確定やその保護 ○価値の付与やその基準の明確化 ○新技術や新ビジネスモデルの社会的受容の基準提示 ○社会資本を担う組織や運用の基準の設定 ○複数の組織間における効率的な協働の環境整備

図 2　社会システムが果たす主要な役割の例　（出典）筆者作成

社会への誘導があります。まずは、皆さんにとってわかりやすい例を持ち出します。私が昨年の夏に訪れたサンノゼ市のモールで、店舗の入口に近い駐車スペースに「低エミッション、低燃費」と書かれているのに気づきました。通常は、身障者や高齢者の方が利用する自動車用の駐車スペースとして指定される場所ですが、この表示は、環境負荷の小さい自動車もそこに駐車できることを示しています。路面に白いペンキで字を書いただけですが、それによって、環境負荷の小さい自動車に対し、「モール内の便利な場所に駐車が可能」という価値を与えるものとなっています。それでは、施設の所有者は、施設の区画内であれば自由に価値を創りだせるのでしょうか。この場合は、モールの所有者の考え方に対して、環境保護に先進的な意識を持つ地域社会からの理解があったからこそ受容されたものだと考えられます。便利なスペースは限られていますので、そうでなければ、その是非の議論は避けられないでしょう。いずれにしても、こうしたほぼ無形の行為が、環境負荷の小さい自動車の普及に対し前向きな効果を与えるものとなっているのです。

次に、最近の国際的な事例を紹介したいと思います。国際エネルギー機関（International Energy Agency, ＩＥＡ）は、人工的に製造された水素がどの程度クリーンかどうかを判断する基準を提案しました。これには一定量の水素製造時に出るCO_2排出量を示す炭素集約度という指標を用いています。水素利用は脱炭素の主要な手段の一つと考えられているため、同じ性質を持つ水素であってもその製造工程がクリーンだと判断されるかどうかで、その価値は大きく異なってきます。世界がこのIEAの提案に合意すれば、価値の判断基準が統一され、価値が安定化することになります。それは、水素製造への投資を考える投資家に対しては、投資判断の目安を提供することとなり、水素の調達を目指す発電などの事業者には、調達先の判断にガイドを与えるものとなります。

人工的に作りだされた価値は、仕組みの変更や社会環境の変化によって大きく変動する場合もあります。その良い例が、EU域内排出権取引制度（EU-ETS）が作り出した排出権です。排出権の価格は、二〇二〇年頃は一トンあたり二〇ユーロ前後でしたが、第四フェーズに入った二〇二一年以降は、ウクライナ紛争の影響もあって、ピーク時には一〇〇ユーロまで上昇しました。価格が高くなればなるほど、排出を抑える技術への投資インセンティブが大きくなることになります。こうした場合、政府の政策の動向を注視して行動することが事業者には求められます。

一方、社会システムの中には、何かの価値をあえて引き下げるものもあります。最近の事例では、いわゆるドローン規制法が該当します。航空法の改正などにより、ドローンを飛ばせる場所や飛ばす方法などに規制が設けられました。規制がまったくなかった場合と比較すると、使用が制限されたことで機体やそれを使ったサービスの価値が低下するものと考えられます。ただ、ドローンは、落下した場合の危険や搭載カメラによる撮影によるプライバシー侵害に対し、社会から強い危惧を持たれる

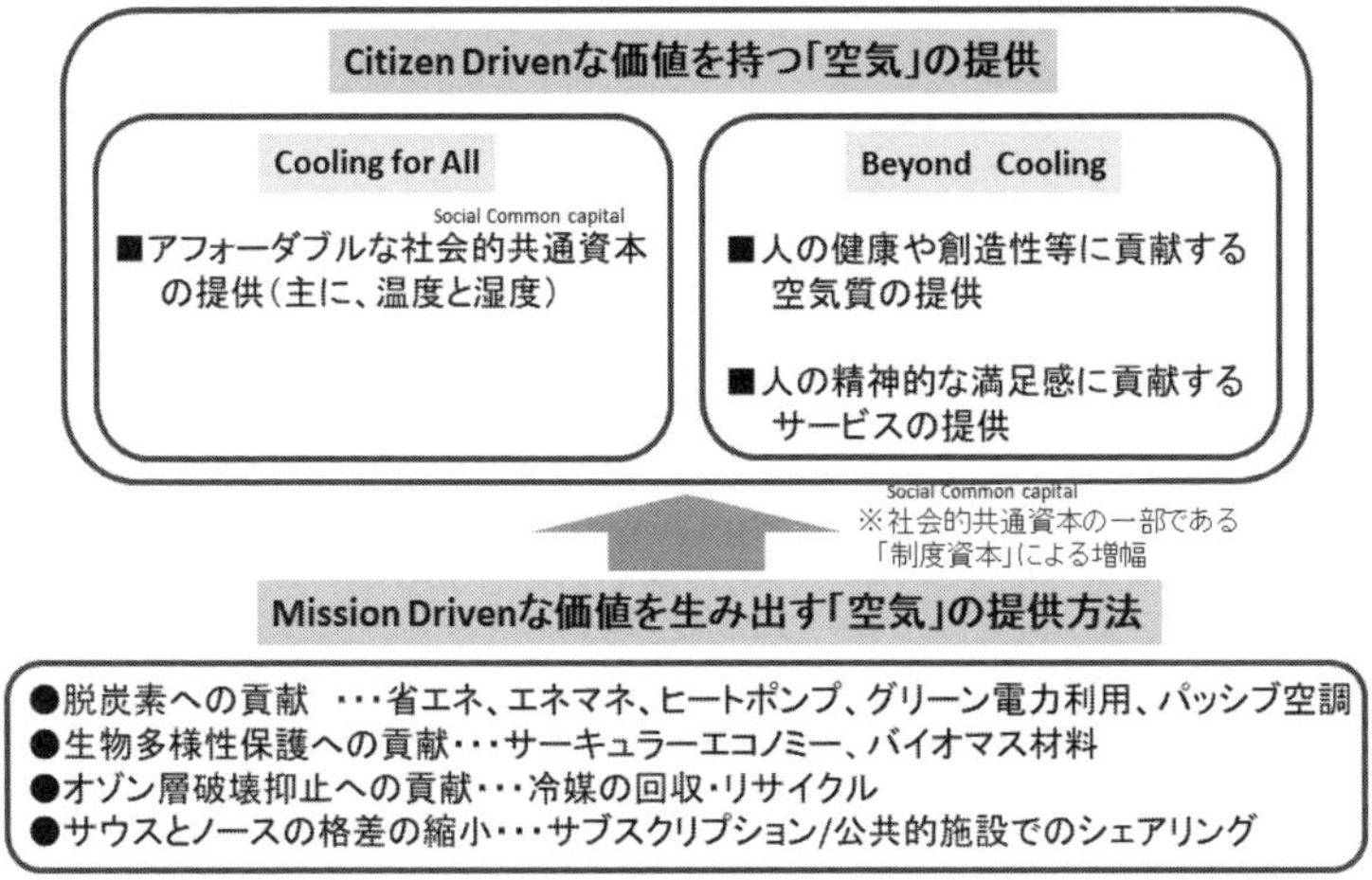

図 3　空気の価値化の体系　　（出典）筆者作成

ようになってきました。規制の導入により、安全確保やプライバシーの保護といった面で、社会との合意ができ、社会からの批判を受けずに利用できるようになったと捉えることもできます。そのような考え方に立てば、価値を安定化させるシステムの導入例となります。私は、社会からの要請を受けて技術が持つ機能を適度に抑制することを「技術と社会との対話」と呼んでいます。

ここまで、いくつかの制度とその効果について紹介をしてきましたが、最近、生みだされた多数の社会システムは、全体として、社会に対してどのようなインパクトを与え、その変革を促しているのでしょうか。私は、社会システムが、社会的な価値を金銭的な価値へと転換し、安定化させることで、企業社会における経済的価値と社会的価値とを接近させる役割を果たしていると捉えています。一般の企業は、企業の社会的責任（Corporate Social Responsibility, CSR）に分類される活動のように、生みだすものが社会的な価値に留まる限りは、投資を拡大させるには限界があります。しかし、経済と社会の価値のオーバーラップが進むことで、社会的価値を生みだすための活動が事業成長のための投資対象に変わるのです。これまで見てきた例では、CO_2 排出を抑制するための投資や水素の製造過程をクリーンにするための投資、ドローンの操縦者に国家資格を取得させるための教育投資がそれに該当します。前節で、三つの Driven の交点に、成長ビジネスが多数みられることを示しましたが、そうした現象の背景には、社会システムによる経済と社会の近接化があるのです。これに伴い、結果的に、企業セクターの活動は、公共性や社会性をより強く帯びるものとなります。日本では、これまで、公共セクターを成長させるという意識は乏しかったと思います。むしろ逆に、度重なる行政改革により成長を抑制してきたわけです。しかし今、上記のような企業像の変化により、公共性を帯びた成長セクターが生みだされつつあります。空気の価値化の主たる担い手は、こうしたセクターです。

「空気」の新しい価値をどのようにして生みだすのか

最後に、ここまでの議論と「空気の価値化ビジョン」の中間報告(二〇二二年一一月、詳細は本書第五講を参照)を土台として、「空気」に即してその価値のあり方を考え、さらにそれをどのように価値化していくかを議論してみたいと思います。ビジョンでは、空気を価値化するためのミッションとして、Cooling for All, Beyond Cooling, Air as a Social Common Capital の三つを挙げています。私は、この考え方を参考に、空気の価値化の類型を**図3**のように再整理をしてみました。まず、価値の源泉について、提供する空気そのものの特性と、空気の提供方法の二つに分けます。これは、空気についても、電気や水素と同様に、そのものの性質だけでなく、その提供方法によって価値が大きく異なってくると考えるからです。

空気そのものに由来する価値の源泉は、大部分がCitizen Drivenなものと考えられます。空調機が持つ基本機能である温度や湿度の制御は、先ほどのビジョンでは、基本価値の提供としてCooling for allの要素に分類をされますが、これらは直接に人が感じる快適さや生活のしやすさに影響を及ぼします。Beyond Coolingに分類をされる、それを超える特別な価値の付与、例えば、温度や湿度以外の五感をくすぐる要素の提供、空気中から有害物質を取り除く機能、特別に設計された空間との組み合わせにより共感できるナラティブや幸せな記憶を思い起こさせる仕掛けなどは、健康や創造性、精神的な満足感に良い影響を与えます。ただ、これらは無形の要素である上に実感には個人差が大きく、それゆえに定義や測定が特に難しい領域です。

一方で、空気の提供方法が生み出す価値の源泉は、Mission Drivenな性格が強いものと考えられます。例えば、脱炭素に貢献する空調機器の省エネ化、ビルのエネルギーマネジメント、ボイラーからヒートポンプへの転換やグリーン電力の利用、オゾン層の保護につながる冷媒の回収・再生・リサイクルシステム、温暖化係数の低い冷媒の利用、グローバル・ノースとサウスの格差縮小に寄与するサブスクリプション型の（アフォーダブルな）料金徴収方法や公共施設での快適な空気のシェアリングなどが該当します。これらは、最近多大な労力が費やされている、空気の提供方法を変革する代表的なアプローチです。前節で考えた社会システムまたは制度資本は、空気の領域でも、こうしたMission

Driven な源泉を持つ価値を裏付け、安定化させる上で大きな役割を果たしています。具体的には、二酸化炭素排出を抑える手段の普及を後押しするＥＵ域内排出権取引制度やヒートポンプの熱源を再生可能エネルギーと定義したＥＵ再生エネルギー指令です。

最後に、空気の価値化を進めるために、どのような努力が必要かについて述べてみたいと思います。先の三つの領域に共通して最重要になってくるのは、「空気学」の創成だと考えます。価値化で先行している気候変動の抑止への貢献やそれに大きなインパクトを持つエネルギー供給の在り方、生態系や水質の保全という領域については、既に学術領域が可視化され、関連した知の集積が進んでいます。Nature 誌の系列ジャーナルだけでも、Nature Climate Change, Nature Sustainability, Nature Energy, Nature Water といった気候変動の抑止や自然の保全に関する領域の知を掲載する学術誌が次々と創刊されてきました。そうした学術知識が価値付けに対する社会的な合意形成、価値の定義、価値の判断基準の提示、インパクトやリスクの測定方法等に対してエビデンスを提供することで、価値の創成とその安定化を支えているのです。

それに比して、現在、空気の学術は、まだ発展途上にあります。サステナビリティ分野の膨大な学術知識を分析してみても、エネルギーや森林、水、土壌に関する知識グループは目立ちますが、空気についてはそれに相当するようなグループは形成されていません（K. Asatani, T. Takeda, H. Yamano, I. Sakata, “Scientific Attention to sustainability and SDGs: Meta-analysis of academic papers”, Energies 13(4)（2020）, 975.）。ただ、世界的に大きな影響力を持つ国際エネルギー機関（ＩＥＡ）は、空調が持つインパクトの大きさを背景に、空調に特化したレポート（“Future of Cooling”（2018）や“The Future of Heat Pumps”（2022））を公開するようになっており、知の需要家サイドをけん引役として地殻変動が起こっているとみることができます。エビデンスを必要とする国際機関等とも協調をしながら、「空気学」を支える知の構造を開発し、それを幹として知を発展させていくことが不可欠だと考えられます。また、宇沢弘文先生は、前掲書の中で社会的共通資本の管理運営を担う専門家集団の重要性を指摘されています。空気学は、身近な空気環境の管理から、地球規模でのグローバル・コモンズとしての大気の保全を担う仕組みまでを含む、幅広い社会的共通資本を運営する専門家集団の育成にも欠かせないものになります。

個別にみると、まずCooling for Allは、本来、電気、ガス、水や公共施設などを提供する場面と同様に、空気が持つ社会的共通資本としての性格が大きな役割を果たす領域です。しかし、日本社会もその一例ですが、良質な空気が社会的共通資本の一つであると十分に認識されていないことが原因となって、この領域における価値化を妨げてきました。良質な空気が社会における安全・安心や包摂性などの基本的条件を整えるために欠かせないものだという認識を社会に広く普及させることで、良質な空気への投資が拡大するとともに、それを管理、運営するための制度資本の整備が進み、価値化が実現するものと考えます。その実例として、日本の公立学校における空調の普及があります。子供たちの熱中症の防止や災害時の避難所としての環境整備などを重視して政府が交付金制度を設けたこと、すなわち、空調環境の整備の社会的な優先順位が高いことを政府が明確にしたことが普及のきっかけとなりました。普通教室における空調の普及は、二〇一〇年頃から急速に高まり、現在はその普及率は九〇%を超え、寒冷地を除きほぼ完備となりました。先に述べた空気学は、こうした認知を拡げる知的基盤ともなるものです。

Beyond Coolingは、先に述べたように、価値の指標化やその測定が最も難しい領域です。基本的な価値と違い、個人や社会ごとに価値の感じ方が異なっていることが高いハードルとなっています。価値を考える上で参考となるのは、基本価値とは異なる価値の創出で先行した水でしょう。一リットルあたりで比べると、ペットボトルのEvianの価格は、東京の水道水よりも三桁高いことがわかります。こうしたブランド水の価値を創り出したのは、原産地証明、成分表示、水に紐付くナラティブやシーンの社会への浸透、サステナビリティへの貢献の可視化（カーボンニュートラル認証や水資源保護）などの仕掛けの総合力です。また、今日では多様なブランド水が販売されており、市民は幅広い選択肢を得ています。空気についても、水と同様に、測定や特定が可能な要素と人の感性にわかりやすく訴える要素とを組み合わせ、さらに、それを選択が可能な形で提供していくことが考えられます。その際に手がかりとなるのは、幸福実感に関する粒度の細かい情報です。個人だけでなく、社会単位での幸福実感も含めて、国・地域ごとの多様性を考慮しながらその研究を進め、価値の設計に取り入れていくべきです。特に先進的なアイデアで様々な社会システムを導入しているEUの指令は参考となります。また、この領域では、空間に関する他の諸要素、例えば、照明や採光、風、香り、家具、植物ですが、それらとの組み合わせが重要です。従って、それぞれに強みを持つ企業間の協力が価値化の鍵になるはずです。

最後に、空気の提供方法が生みだすMission Drivenな価値については、空気と関連が深いMissionである気候変動や自然・生物の多様性の保護、感染症の予防などの公衆衛生といった領域での議論の深まりから、Beyond Coolingの価値とは異なり、方向性が見えつつあります。また、特に気候変動に関しては、価値を生みだす仕掛けやそれらに必要な指標や測定、検証方法等もイメージできるものとなってきています。それらの領域では、科学者などのインフルエンサー同士が横に密につながったりッチクラブが形成され、世界のメタトレンドに大きな影響を与えています。今後、世界的なミッションの実現に空気が果たす役割を明確にし、空気の適切な価値づけを進めるには、そうしたコミュニティや国際機関との対話を重ねながら、それらを横断する空気独自の世界的な専門家コミュニティを作り上げていくことが重要だと考えられます。

読書案内

文中では、社会が望む価値を顕在化させ、それを安定化させる手段として、「社会システム」という言葉を多用しました。まず、これに関連する代表的な著作をいくつか挙げておきたいと思います。

岡崎哲二・奥野正寛編『現代日本経済システムの源流』（日本経済新聞社、一九九三年）は、歴史的な考察に基づき、日本の経済制度や慣行に存在した多くの特徴的な仕組みを紹介しています。出版当時は、まだバブル経済の余韻が残り、世界的な視点でみた日本のシステムの異質性に高い関心が持たれていた時期でした。

青木昌彦・鶴光太郎編著『日本の財政改革』（東洋経済新報社、二〇〇四年）は、続いて、日本の経済及び財政に関する大きな課題が顕在化し、「国のかたち」の変革が求められていた時期にまとめられた書籍です。財政制度に焦点を絞りつつ、システムの根底にある「仕切られた多元主義」を課題と捉えて、縦の仕切りを横に紡ぐことを目指した総合的なシステム改革構想となっています。故青木昌彦先生があたかもオーケストラのコンダクターのように、多分野の著者陣が展開する議論を見事に調和させてまとめあげ、一つの方向性を示された名著です。

最近では、地球の持続可能性や公正さとは何かといったことが議論されるなかで、レベッカ・ヘンダーソン『資本主義の再構築』（高遠裕子訳、日経BP日本経済新聞出版本部、二〇二〇年）のように、社会システムの束ともいえる資本主義自体の見直しの必要性が盛んに議論されるようになっています。

分野別では、みなさんにとって最も身近な社会システムは、市場や企業に関する諸制度でしょう。市場に関しては、ジョン・マクミラン『市場を創る』（瀧澤弘和・木村友二訳、NTT出版、二〇〇七年）、企業に関してはリチャード・ラングロワ／ポール・ロバートソン『企業制度の理論』（谷口和弘訳、NTT出版、二〇〇四年）が斬新な視点から体系的にシステムを議論した文献としてお薦めです。

最後に、価値を持つ空気を提供する装置や仕組みとしての「社会的共通資本」を論じた文献にも触れておきたいと思います。宇沢弘文『宇沢弘文の経済学――社会的共通資本の論理』（日本経済新聞出版社、二〇一五年）は、社会的共通資本の概念の提唱者である宇沢先生自身が、その考え方を最初に定式化した『自動車の社会的費用』（岩波書店、一九七四年）以降の研究の深化、発展を踏まえ、社会的共通資本の概念とそれを支える理論の集大成をされた必読書です。

第8講

グローバル・コモンズを守り育むために

石井菜穂子

いしい・なおこ●東京大学グローバル・コモンズ担当総長特使、東京大学未来ビジョン研究センター特任教授。一九五九年生まれ。開発経済学、地球環境。東京大学経済学部卒業。博士（国際協力学）。著書に『長期経済発展の実証分析』（日本経済新聞社）、監修に『小さな地球の大きな世界――プラネタリー・バウンダリーと持続可能な開発』（武内和彦と共同監修、丸善出版）など。

はじめに

昨今の国際情勢をみていると、われわれは困難で入り組んだ状況の中にいると実感します。二〇二〇年のＣＯＶＩＤ－19（新型コロナウイルス感染症）のパンデミック以降は特にそうです。従来からの地球環境の危機——例えば気候変動や生物多様性の喪失、自然の崩壊——の上に、ＣＯＶＩＤ－19は新たな打撃を加えました。さらにロシアによるウクライナ侵略が起こり、エネルギーや食糧に対して重層的な危機が発生しました。加えて南北の対立あるいは格差が拡大しています。その一方で、中国・アメリカという二大大国の対立が深まっている。このように、複数の世界的なリスクが複合的に絡まり合って起こる危機的状況をポリクライシスと呼びます。いったい世界はどのような方向に向かっていくのでしょうか。

その中で、なお人類が協調して守るべきものがあるというのが、本講で紹介する「グローバル・コモンズ」の考え方です。この概念は二〇一〇年頃に提唱されたものです。地球システムや、経済学、地政学など、バックグラウンドの異なる人びとが集まって、われわれ人類が共有して守るべきものをいかにして守るかを考え、そのためのシステムをつくろうというところから始まりました。

われわれの文明の繁栄の礎である安定的でレジリエントな地球システムが、グローバル・コモンズです。この定義に含まれていなくても、例えばＣＯＶＩＤ－19によって明らかになったように、グローバル・ヘルスもまた人類にとって重要な共有資産であると言えます。世界には極めて重要でかつ脆

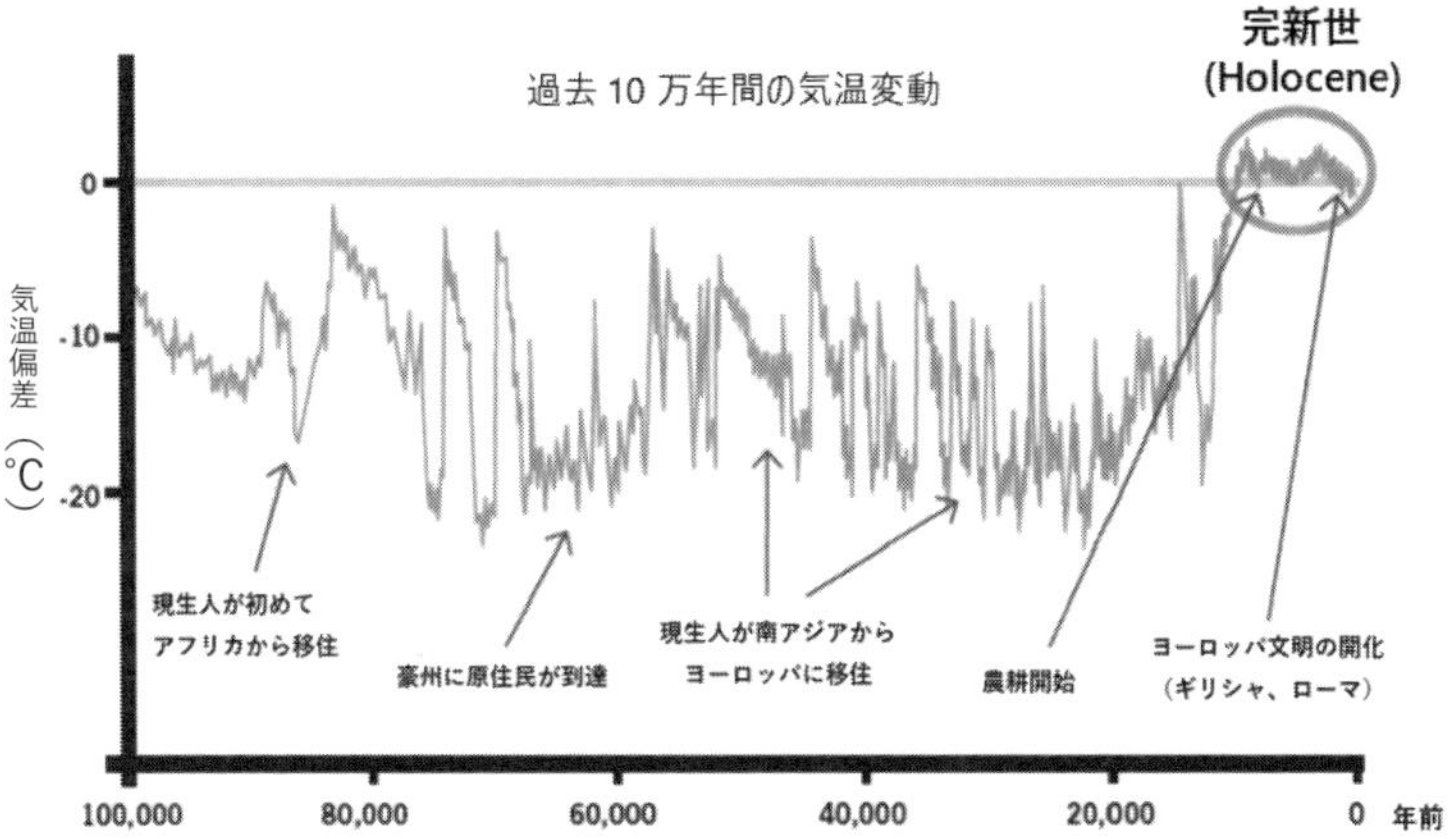

図 1　完新世から人新世へ

出典：J. ロックストローム、M. クルム『小さな地球の大きな世界——プラネタリー・バウンダリーと持続可能な開発』（武内和彦・石井菜穂子監修、丸善出版、2018 年）

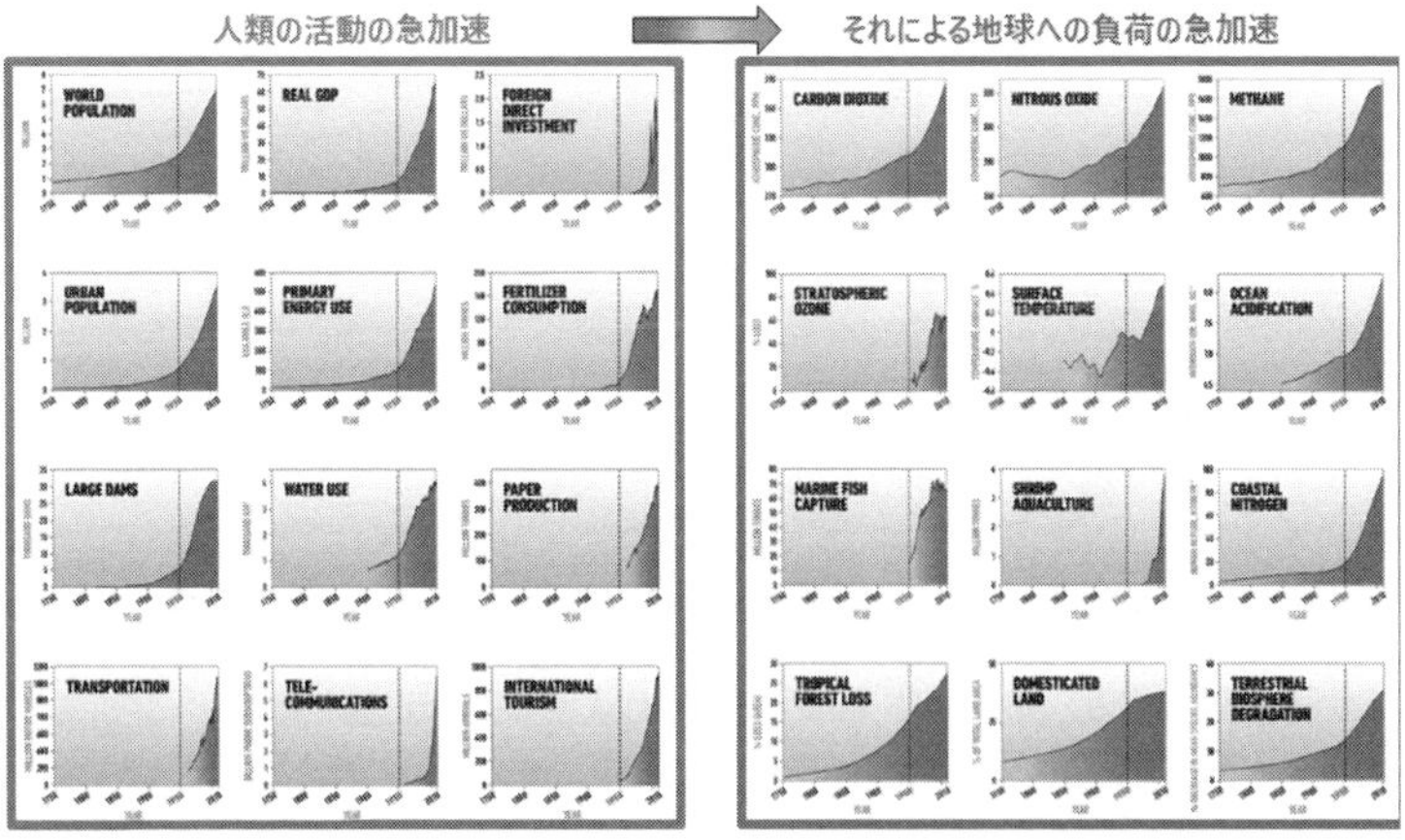

図 2　グレート・アクセラレーションの巨大な環境負荷

出典：Steffen, W., Broadgate, W., Deutsch, L., Gaffney, O., & Ludwig, C. (2015). The trajectory of the Anthropocene: The Great Acceleration. The Anthropocene Review, 2(1), 81–98. https://doi.org/10.1177/2053019614564785

弱なものがあり、ポリクライシスの時代だからこそ、それをみなが協調して守らなくてはなりません。

本講のテーマは「空気の価値化」です。空気とグローバル・コモンズがどのように関係してくるか、私なりに考えました。空気もやはり保護すべき大事なものなのだけれども、まだ価値が付いておらず、簡単に毀損されてしまう。この点において、他のグローバル・コモンズと似た性格を持っていると思います。地球システムの科学者たちが、この地球を安定的でレジリエントにしているいくつかのシステムについて考えた際は、空気という項目は必ずしもありませんでした。一番近かったのは大気エアロゾルという項目だろうと思います。それも含め、空気の価値化というテーマを出発点として、われわれ人類がみなで守るべきものについてお話しします。

人類の経済発展と地球システムの相克

人類はいま、長い歴史の中の特別な段階にいます。**図1**は、過去一〇万年間の人類の歴史の中で地球の表面温度がどのように変わってきたかを示したものです。地球の気候はつい最近に至るまで寒冷で、かつ短期間に激しく変動していました。このような不安定な環境において、人類はかろうじて生き延びてきました。しかし、約一万二〇〇〇年前に完新世という新しい地質時代が始まり、地球の気候は温暖で極めて安定したものに変わりました。

この時代に入り、農耕が始まります。いつ雨が降るとか、いつ洪水が来るとか、そうしたことがわかるようになって初めて農業が成り立ちます。すると定住が可能になり、都市化が進み、いろいろなテクノロジーが生まれるようになります。こうして人類文明が発展してきました。逆に言うと、人類文明は、この完新世という地質時代しか知りません。ところが、最近になって、人類の経済発展そのものが、文明の繁栄の礎である安定的でレジリエントな地球システムを壊しつつあります。これが一つのポイントです。

そのことを示したのが**図2**です。これは、産業革命以降に人類の活動がどう変化し、同時に環境がどう変わったかを示したものです。左半分が人類の活動です。特に二〇世紀の中ごろ、第二次世界大戦が終わったころから、人間の経済活動は急拡大してきました。これをグレート・アクセラレーションと呼びます。貧困削減などのよい結果がもたらされた一方で、相応の対価が支払われており、地球へ大きな負荷が掛かるようになりました。それが**図2**の右半分です。気候変動を起こす様々な化学物質の排出や、生物多様性の喪失、熱帯林の喪失など、種々の指標で測られますが、経済活動の急拡大と呼応する形で地球環境へのプレッシャーが高まっていることがわかると思います。

実際に二〇世紀の後半、特に最後の二〇～三〇年ぐらいから、地球上の各地で従来になかったような環境の変化が起こるようになりました。地球はどれだけ持ちこたえられるのか。深く憂慮した地球システム科学者たちがいました。ヨハン・ロックストロームという著名な環境学者が率いたグループです。彼らは、地球を安定的でレジリエントにしていた要件（九つのサブシステム）を特定し、その各々に対して、人類が今どの程度プレッシャーを掛けているのか計測しました。これがプラネタリー・バウンダリーというコンセプトです。

図3で示される点線の円の内側のエリアにいる間は、まだ地球、あるいはそのサブシステムは持ち

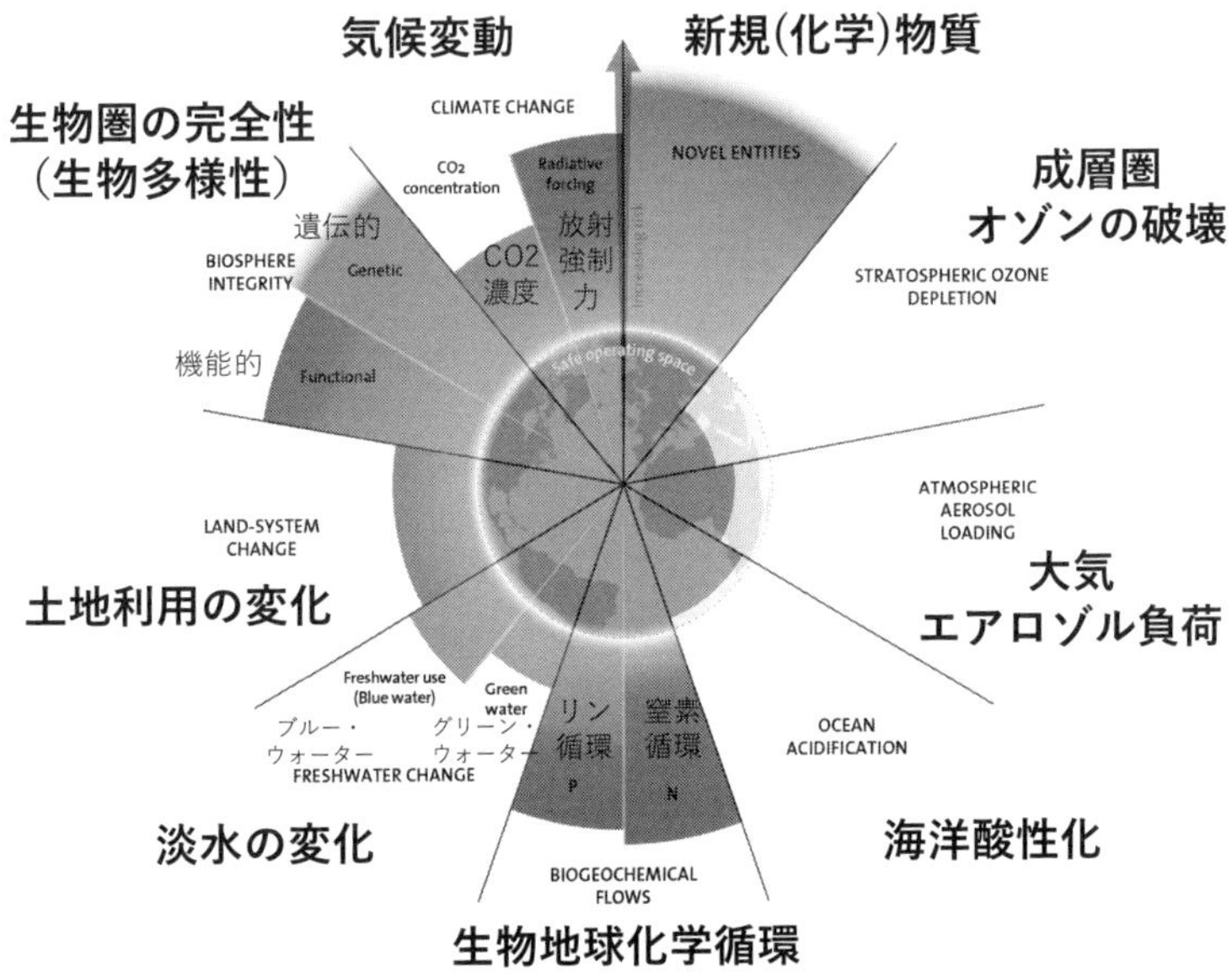

図3　プラネタリー・バウンダリー

出典：Stockholm Resilience Centre, based on analysis in Richardson *et al.* (2023)

こたえられるということです。しかし、このエリアを出て、ある臨界点(tipping point)を過ぎると、変化が連鎖し別の状態へ不可逆な移行が始まります。

気候変動はやはり臨界点を過ぎて不可逆な領域に近づいています。しかし、それ以外にも数多くのサブシステムが同様の状況にあるのです。最も極端だったのは生物多様性です。一九五〇年にプラネタリー・バウンダリーを計測し始めた時点で、生物多様性だけは既に臨界点を越していました。現代は第六次生物絶滅期であると指摘されるとおり、地球は急激に生物多様性を失っています。

土地利用の変化の部分には、森林伐採、土壌の健康の喪失、旱魃《かんばつ》の高頻度化がどれだけ進行しているかが表れています。また、興味深いのが生物地球化学循環の部分です。農業システムの現代化が進み、生産過程で化学肥料を使用するようになり、本来循環していた窒素やリンの安定性が壊れ、危機的な状況に達していることを示しています。

新規化学物質は最近特定されたサブシステムです。プラスチックを始めとする、地球にとって新しい物質（人類が新たに作り出してしまった物質）が二〇二二年に計測され、地球に対して巨大な負荷を掛けていることがわかりました。

海洋の酸性化はまだ臨界点を越えていないと言われています。オゾン層は、人類が努力して回復した成果です。

今回の講義に最も関係する大気エアロゾルの負荷は、二〇二三年の改訂版で初めて定量化されました。大気エアロゾルには地域特異性があります。地球全体の値はまだ境界を越えていない一方、南アジアや東アジアの一部地域では既にローカルな境界値を越えている可能性があります。大気エアロゾルの濃度は降水量や季節風に影響を与えており、数値の悪化は気候システムの毀損に繋がります。気候だけでなく、生態系や水循環に対しても影響を与えていると考えられますので、これについて今後さらなる分析が求められます。

以上のように、九つある地球のサブシステムのうち六つのところで、既に臨界点を越えてしまっています。

このプラネタリー・バウンダリーという概念は生物物理学的（biophysical）につくられたものです。一方、**図4**は、これにもう一つ新しくJustというコンセプト、つまり公正さ、公平さという視点を加えたものです。Just Corridor と呼ばれています。地球のシステムの観点では臨界値をまたいでいなくても、人類の公平さや公正さ、あるいは健康などの観点からは、別の限界があるだろうという考え方です。生物物理学的な安全さに加えて、人類の観点からの公正さについても計測が進んでいます。

図5からは、Safe の境界と Just の境界が一致しているところもある一方、生物物理学的には臨界点に達していなくても、Just の観点からは厳しいサブシステムもあることが見て取れます。例えば気候が当てはまります。

図6は、地域ごとの分散を示したものです。最初にプラネタリー・バウンダリーが提唱された際には地球全体を捉えていましたが、例えばエアロゾルや生物多様性のように、地域によって掛かっている負荷の強弱が異なるサブシステムがあります。これを地域ごとに示した研究成果です。

図7は大気汚染被害の程度を地域ごとに表示したものです。PM2.5 への曝露レベルと貧困レベルを重ね合わせてみると、やはり大気汚染が進んでいる地域の多くは貧困のレベルも高いという悲痛な結果が出ています。グローバル・コモンズ、あるいは空気の価値化を今後考えていく際に、貧困や経済発展段階の問題をどう扱うかは、一層重要なテーマになっていくでしょう。

以上のように、地球と人間の関係は危機一髪のところまで来ていることをご理解いただけたでしょう。そう考えているのは地球システム科学者たちだけではありません。実はグローバルリーダー、特にビジネスリーダーたちが、人類にとって環境が大きなリスクになっていると発言し始めています。

生物物理学的な安全性の観点に加え、自然からの便益、リスク、責任の配分に関する公平性を評価したフレームワーク

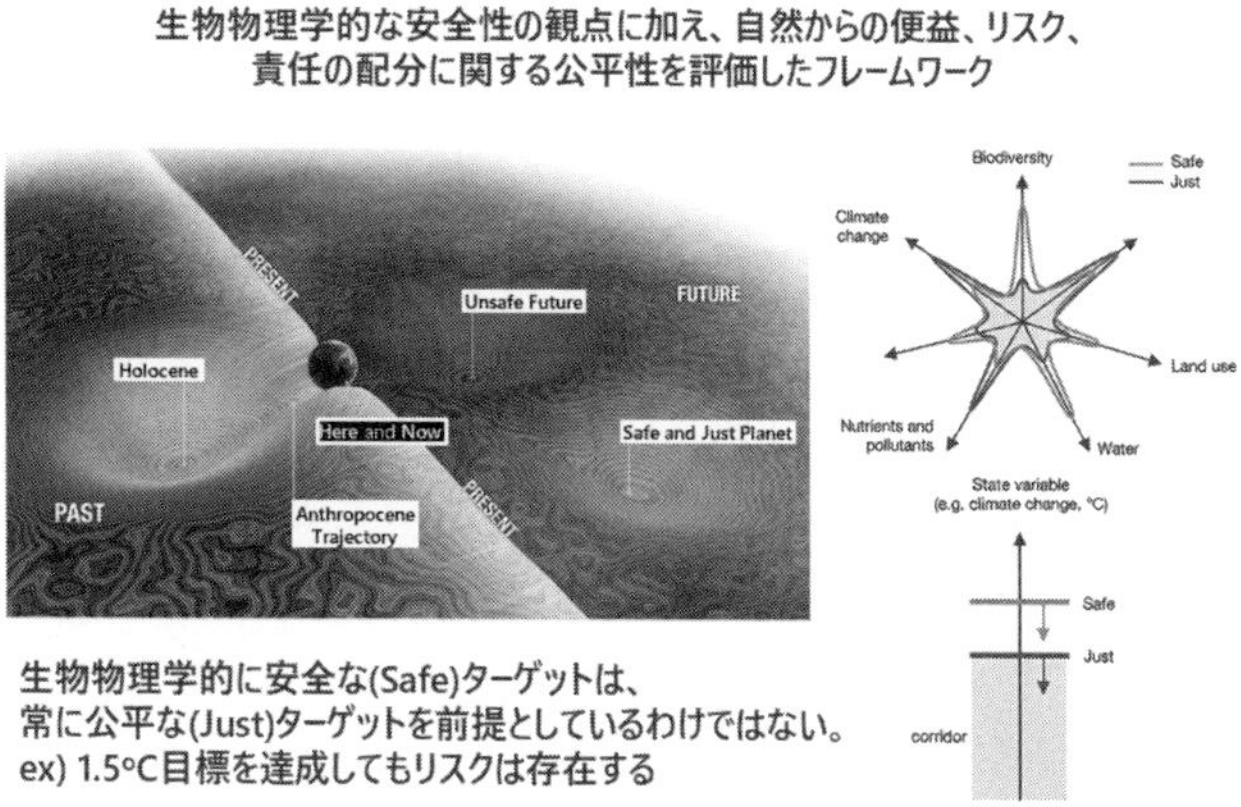

図4 Safe and Just Corridor Framework

出典：Rockström, J., Gupta, J., Lenton, T. M., Qin, D., Lade, S. J., Abrams, J. F., et al. (2021). Identifying a safe and just corridor for people and the planet. Earth's Future, 9, e2020EF001866. https://doi.org/10.1029/2020EF001866

Planetary Boundariesから気候、生物圏、淡水、栄養、大気汚染の5つを選択地球システムを監視できる重要かつ定量化可能な8つの指標 (ESB) を新たに特定

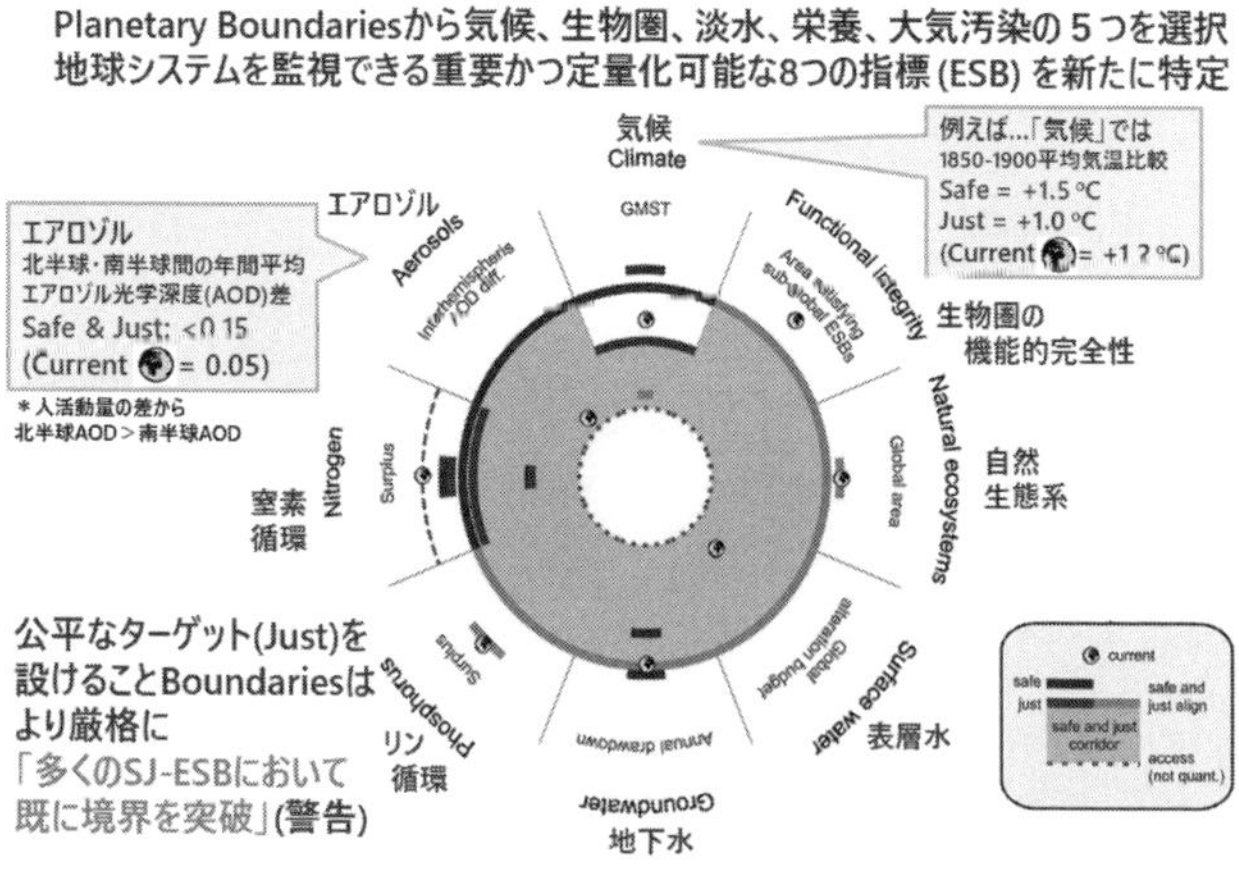

図5 Safe and Just Earth System Boundaries (SJ-ESBs)

出典：Rockström, J., Gupta, J., Qin, D. et al. Safe and just Earth system boundaries. Nature 619, 102–111 (2023). https://doi.org/10.1038/s41586-023-06083-8

現在、ESB指標がすでに境界を突破している数（0~最大7）を地域別にプロット
地表面積の52%で２つ以上のSJ-ESB境界を突破（世界人口86%に影響）

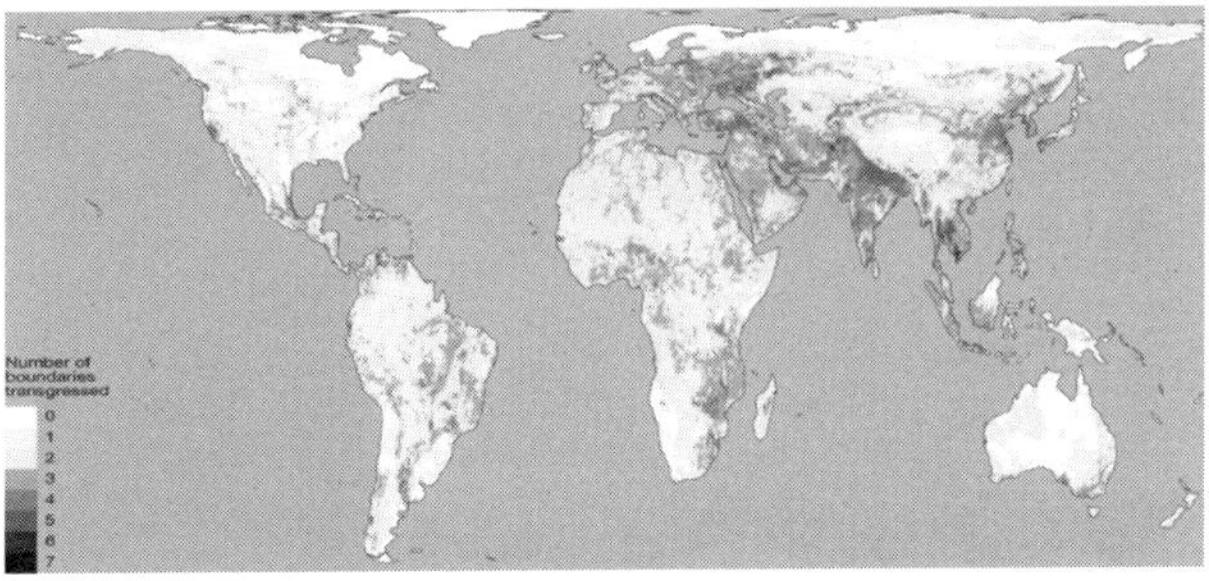

４以上のSJ-ESB境界を突破する地域：地表の5%に相当（世界人口28%）
⇔人口密度の高い地域に集中している

図 6　SJ-ESBs 地域別のプロット

出典：Rockström, J., Gupta, J., Qin, D. et al. Safe and just Earth system boundaries. Nature 619, 102–111 (2023). https://doi.org/10.1038/s41586-023-06083-8

「大気汚染（PM2.5）への曝露」と「貧困」とのマトリクス・マッピング

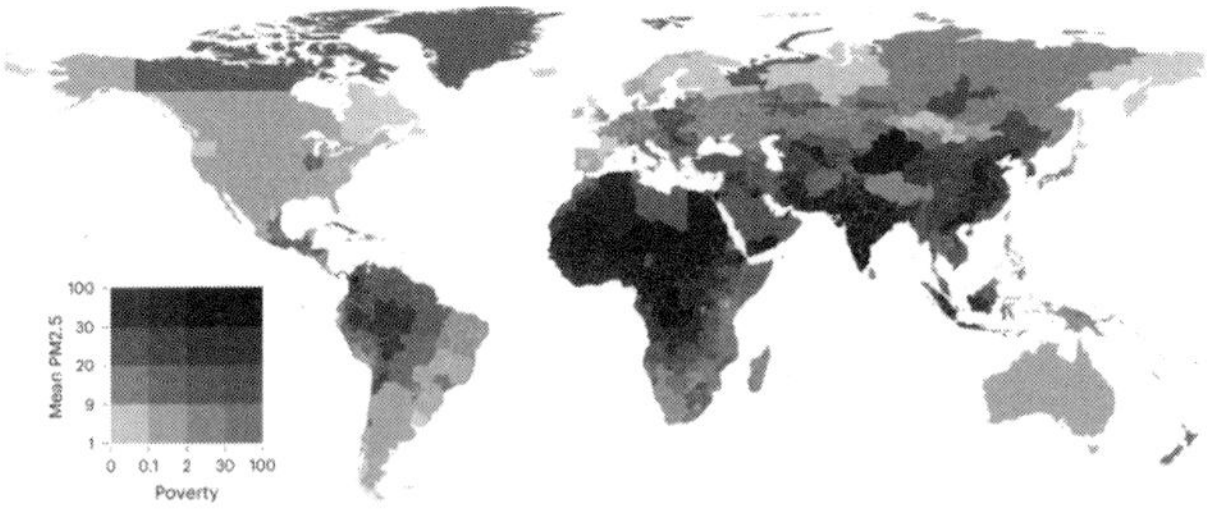

大気汚染が進んだ地域の多くは、貧困レベルも高い（南アジア・中央アジアの一部など）⇔ 最も弱い立場にある人々（地域）に重大な影響が生じる

図 7　大気汚染（air pollution）被害への曝露

出典：Gupta, J., Liverman, D., Prodani, K. et al. Earth system justice needed to identify and live within Earth system boundaries. Nat Sustain 6, 630–638 (2023). https://doi.org/10.1038/s41893-023-01064-1

社会経済システムを変革するための取り組み

世界経済フォーラムは、毎年スイスのダボスで行われる年次総会（ダボス会議）の際に「グローバルリスク報告書」を発表し、ビジネスリーダーを中心に「あなたが考える最も大きなリスクは何か」と尋ねた結果を取りまとめています。その経年変化を参照すると、一〇年前は、環境が大きなビジネス・リスクだとは考えられていなかったとわかります。しかし、年を追うごとにそう考えるビジネスリーダーが増え、二〇二〇年にはトップ五のリスクがすべて環境関係となりました。気候変動自体もリスクですが、その結果としての異常気象や、生物多様性の喪失なども高いランクに挙げられています。

二〇二一年はCOVID‐19の影響で少し様子が変わってきました。しかし「現在ではなく二年後のリスクはどうなっていると予測するか」と聞くと、環境とそれ以外のリスクが入り交じってランクインしてきます。そこで「それでは一〇年後は」と聞くと、トップ四が環境関係のリスクで占められるようになります。つまり、世界のビジネスリーダーたちは、短期的には公衆衛生の問題がリスクであったとしても、長期的には地球環境の問題が大きなリスクであると考えていることが示されています。

日本のビジネスリーダーに同じことを聞いたら、おそらくこういう結果にはならないでしょう。二〇二〇年のダボス会議にも日本からビジネスリーダーが来ていたわけですが、帰国してみると、ダボス帰りの経営者たちが「どうやら世界は地球環境危機の中にあるらしい」という報告をしていて驚きました。残念ながら今の日本では、グローバルな地球環境の危機が人類の生存にとって重大な問題であるという認識はあまりないのだと感じています。

それは少し理解できるところもあります。私自身、最初に財務省に入り、それから国際通貨基金（IMF）や世界銀行などで働いてきた過程で、地球環境の危機がここまで人類の経済にとって大きな問題なのだということを考える機会はあまりありませんでした。私にとって大きな転換点となったのは、二〇一〇年に地球環境ファシリティ（Global Environment Facility, GEF）のCEO兼議長に選ばれたことでした。その転機がなかったら、私もおそらく、いまだ one of them だったのではないかなと思ったりしています。

ここでのポイントは、環境問題が、別の重要な経済意思決定の周縁（fringe）にあるのではなく、経済システムそのものの根幹を脅かしているという認識です。これが今日のメッセージの一つです。

なぜ気候変動が起きているか、なぜ生物多様性喪失が、なぜ水の危機が……と「なぜ」を突き詰めていくと、今の経済の在り方が、この地球のシステムと衝突していることに行き当たります。この半世紀、散々に負荷を掛け続けて、限界まで追い込んでしまっているわけですので、不可逆的な地点にいってしまう前に、われわれ自身が社会経済システムを変える方法を考えていかなければなりません。そうでなければ、地球のほうが人類を放り出して新しい地質時代に入っていってしまうでしょう。

ところで、この新しい地質時代は、人新世（Anthropocene, じんしんせい、ひとしんせい）と称されています。まさに「人類の地質時代」という意味です。人類という一つの種が、地球というこの堅牢なシステムに対して、甚大な影響を与える存在になってしまったという意味で「人類の世紀」と言われているわけです。

われわれは過去、人類にとってお誂え向きの完新世（Holocene）という時代にいたわけですけれども、今やそこから転落して未知の世界に入りつつあります。なにもしないでいると、灼熱地獄のような世界にまっしぐらに落ちていってしまう。文明と経済の発展を支えてくれていた地球の安定性を失いつつある中で、その結末を避けるためにはどうすればよいのか。文明をSafe and Justなものに変え、少しでも完新世に近いところに留まるためには、社会経済システムをどのように転換すべきなのか。これを本気で考えねばならないということです。

こうした認識は、地球システム科学者やビジネスリーダーだけではなく、世界でも広く共有されるようになり、二〇一五年には画期的な二つの合意が締結されました。一つはSDGs、すなわち一七の持続可能な開発目標であり、もう一つはパリ合意です。

一七のSDGsについては、一つ一つが全体とどのような関係を持っているかわかりにくいとよく言われます。地球システム科学者たちは個々の目標を整理し、三層のウェディングケーキの形で提示しています。

図8で示されているように、一七のSDGsのうち基礎の部分となるのは、プラネタリー・バウンダリーを安定的でレジリエントな地球システムとしているいくつかの目標です。その上にインクルーシブな社会やサステナブルな経済などが乗ってきます。土台の部分がぐらついてしまうと、その上に何を重ねても意味がなくなってしまいます。死んだ惑星ではビジネスなどできない（There is no

図8　SDGsのウェディングケーキ

出典：Stockholm Resilience Centre, The SDGs wedding cake（一部修正）https://www.stockholmresilience.org/research/research-news/2016-06-14-the-sdgs-wedding-cake.html

business on a dead planet）とよくビジネスリーダーたちが言うのは、地球の安定があって初めてその上にビジネスや社会が成立するという事実の反映です。

ＳＤＧsは二〇三〇年を目標に設定されています。しかし、われわれはそのはるか先を見すえて、二〇五〇年頃までにどうやってこのプラネタリー・バウンダリー、つまり地球の枠内で目標を達成できるかを今懸命に考えています。この時に、一七のゴールを、別々にではなくいくつかの重要な社会経済システムのカテゴリに分けて、それぞれのシステムごとに転換の方法を検討しています。

図9では六つのシステムを提示しています。一つは、今まで触れてきたように経済全体をどのように脱炭素化するかということです。また、われわれの食料や生物、水のシステムをどのように持続可能にするか。さらに、都市システムをどう変えるかという問題もあります。既に地球上の全人口の半分以上が都市に住んでいますので、都市をどのように持続可能にしていくかは重要な課題です。

加えて、持続可能な生産消費システムを作るというテーマ

エネルギー、食料、生産消費、都市、デジタル革命、人的資本の発展

図 9　The World in 2050

出典：https://iiasa.ac.at/projects/world-in-2050

もあります。われわれは今、地球から大量の物質を取ってきて、大量に作り、大量に使って捨てています。この非常にリニアな経済システムを、どうすればサーキュラーな（循環型の）システムにできるのか考えています。そしてまた、進行中のデジタル革命がこれをどう加速させるのか。最後に、システム転換の行く末も結局は一人一人の人間の手にかかっていますので、人的資本をきちんとつくることも重要な観点です。

　こうしたシステム転換の考え方をもって、どのように人間と地球との関係をリセットするのかというお話をしたいと思います。

　図10では、六つのシステムのうち四つを選んでいます。エネルギーの脱炭素化、食料システムの転換、生産消費体系のサ

GCS実現に向けた社会・経済システム転換の戦略的枠組み

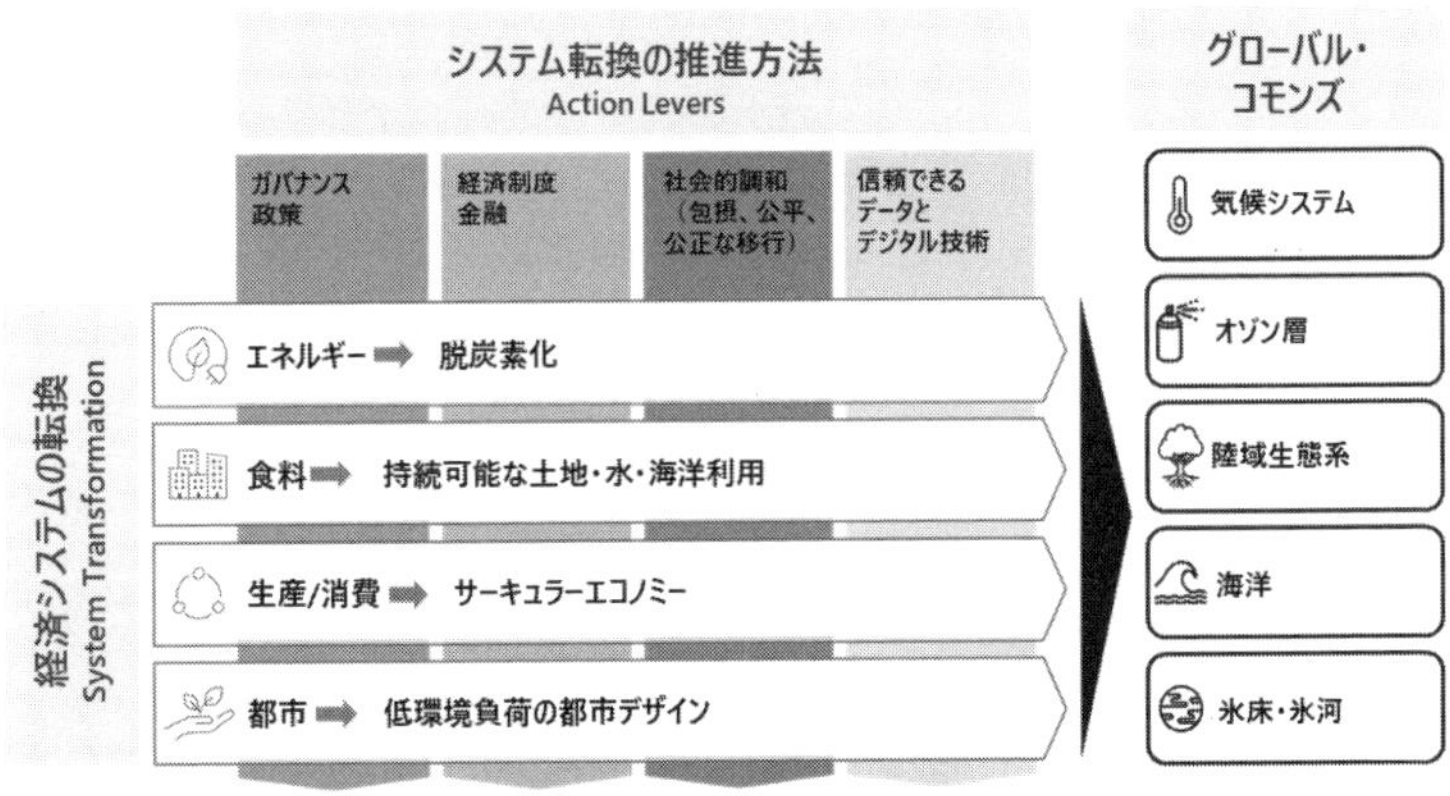

■ グローバル・コモンズ保全するために転換が必要な４つの社会経済システムと、システム転換において重要な４つの切り口を、アクションレバーとして提案

図 10　Global Commons Stewardship Framework

ーキュラー化と、都市デザインのサステナブル化です。これが転換すべき四大システムだとみなした上で、そのシステム転換を引き起こすためのアクションレバーを考えようというのが、この図の縦軸です。

例えばエネルギーであれば、二〇五〇年までにカーボンニュートラルを達成するという目標がガバナンスあるいはビジョンの軸です。では、それをどのような経済制度で達成しようかと考えます。様々な政策がありえますが、例えばカーボンプライシングの導入やトランジション・ファイナンスなどが考えられると思います。これが経済制度の軸です。

左から三つ目の縦軸は先ほどのJustのコンセプトに近いものです。システム転換するにあたり、人々を取り残してはいけないし、社会的な調和は保ち続けなければなりません。最後の縦軸は、データが重要であり、またそのデータを活用する技術がシステム転換の中で不可欠になるだろうということです。

こうして、四つのシステムを四つのアクションレバーを使って転換していくことで、われわれが今自ら飛び出そうとしている完新世に近いところに、何とかして留まっていられないだろうか、ということを研究しているところです。

ビジョンと技術の関連について、ユニークなレポートを紹介します。二〇二〇年に発表された *The Paris Effect*、つまり「パリ効果」というタイトルのレポートです(1)。二〇一五年にパリ協定が成立し、カーボンニュートラルが世界全体の目標になった際に、市場で何が起こったでしょうか。二〇一五年時点では炭素排出分野での技術、いわゆる脱炭素技術がほとんど市場化されていませんでした。それが五年後の二〇二〇年になると、電力セクターを始めとして脱炭素技術が非常に大きな市場に成長してきました。また、以前は小さかったり、まだ開発段階であったりした様々な市場も発展してきました。さらに、二〇三〇年の将来予測では、より多くのセクターで大きな市場が成熟し、かつ小規模なセクターの数も増えていくと予想されています。これらはパリ協定が引き起こした変化です。ビジョンが技術開発を実際に推進し、ビジネスを呼び起こし、システム転換を主導していくことを示す一例です。

東京大学グローバル・コモンズ・センターの研究も紹介します。「グローバル・コモンズ・スチュ

(1) SYSTEMIQ (2020), *The Paris Effect: how the climate agreement is reshaping the global economy*. https://www.systemiq.earth/paris-effect/

ワードシップ インデックス」では、世界のそれぞれの国が地球環境に与えている影響を計測して、国ごとの成績表（インデックス）をつけました。ここでは面白い結果を二つ紹介します。一つは、決して高所得国だけが大きな負荷を掛けているわけではないということです。経済規模の大きい国は発展途上であっても実は大きな環境負荷を与えているという結果がこの研究で示されました。G20の責任は非常に大きいと言えます[(2)]。

もう一つは、国内の生産だけではなく、国内消費を通じて海外へ与えている環境負荷の問題です。例えば日本では国内で消費される食料の六割を輸入していますが、この食料が生産された段階で、熱帯雨林は破壊されたか、水や肥料はどのくらい使われたかなど、国外で掛かった環境負荷を計測します。すると、国内生産だけを見るのとはまったく違う様相が見えてきます。例えば日本の国内消費は、やはりアジアに対して非常に大きい影響を与えています。それは電気機械、医療、アパレル、そして食品産業などが掛けている負荷です。つまり、世界のサステナビリティのことを考える際は、自国の生産だけではなく、消費についても考えていかねばならないのです（**図11**）。

図12は、左側がImpact Origin、つまり影響の発生元の国で、右側がFinal Demand、買った国を示しています。これはアパレル産業が排出している温室効果ガス（Greenhouse Gas, GHG）の流れです。繊維・衣類を大量生産している中国が大きな排出元になっていますが、それを買っているのは、EU

（2） グローバル・コモンズ・スチュワードシップ インデックス
https://cgc.ifi.u-tokyo.ac.jp/wp-content/uploads/2023/07/GCSI-COMPLETE-WEB-2022.pdf

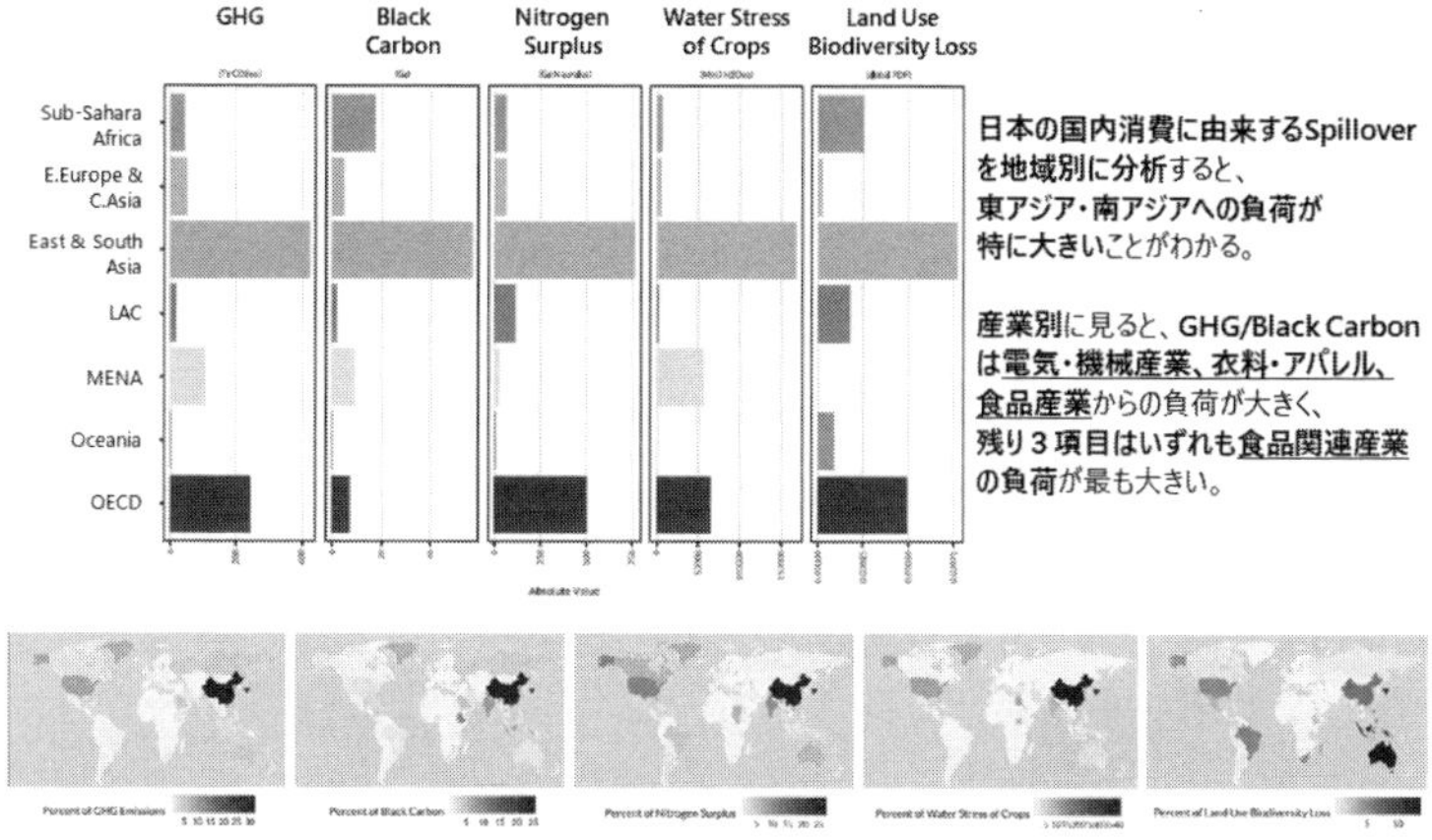

図 11　日本の国内消費に由来する越境負荷

出典：https://cgc.ifi.u-tokyo.ac.jp/wp-content/uploads/2023/07/GCSI-COMPLETE-WEB-2022.pdf

GHG：Greenhouse Gas（温室効果ガス）

やアメリカや日本です。誰の責任かと問えば、やはり両方だろうと思います。林業による森林破壊や、パームオイル生産による水への負荷などもこれと同様に解析しています。

　このように、地球環境全体をどのようによくしていくかということを考える時には、生産国と最終消費国の両方を見ていく必要があります。もちろん、大規模なシステム転換はすべての国で必要ですが、G20には特に重責があります。そして消費国と生産国の間で発生している越境効果も考慮に入れた取り組みをしていかないと、地球環境問題の本当の解決にはなりません。

　最後に、グローバル・コモンズ・センターの研究パートナーの一つである世界資源研究所（WRI）が毎年出している「State of Climate Action」というレポートを示します。気候変動に対応するために何を変革すべきかという観点から、その進捗状況を評価したものです。四〇ほ

繊維・衣類の最終消費に含まれる GHG 排出量

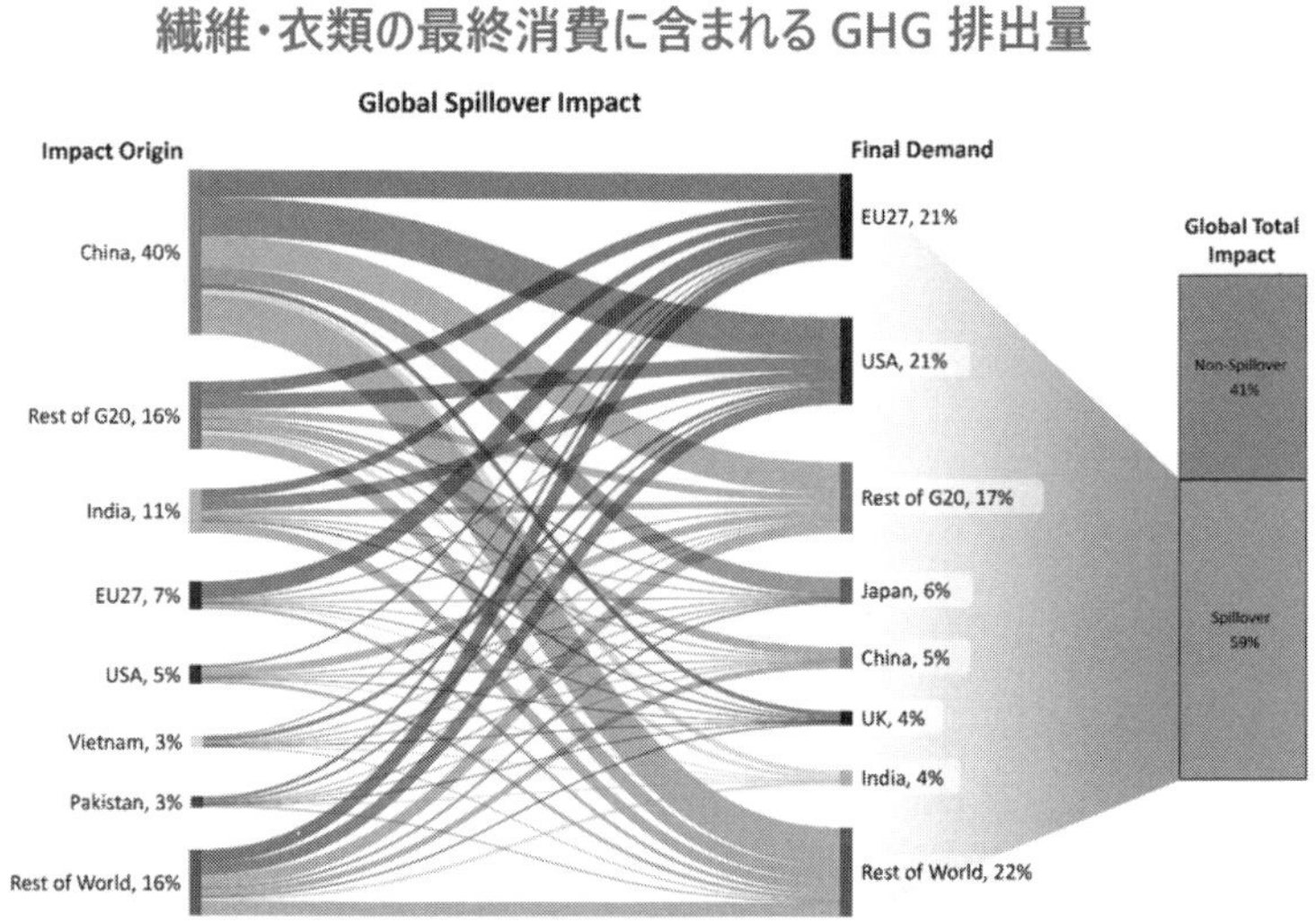

図12 国外越境負荷 セクター別貿易フロー

出典：https://cgc.ifi.u-tokyo.ac.jp/wp-content/uploads/2023/07/GCSI-COMPLETE-WEB-2022.pdf

どの指標を各サブセクターについて選び、それぞれについてシステム転換が進んでいるのか、いないのかを評価しています。これは二〇二一年のデータですが、予定通りに進んでいる（On Track）指標はほぼなく、Off Track がほとんどです。一番ひどいものでは、あるべき方向と逆に向かっている指標もあります。必要とされるシステム転換が十分に行われていない現状が、ここからも見て取れるのではないかと思います（図13）。

このような流れを変えるためには、誰がどのようにルール・メーキングをし、システム転換を進めていくのかが重要です。特に、パリ協定締結後の国際社会の趨勢を見ていると、国と国とが条約等で合意して何かを進めることに限界が見えてきます。一方で、いわゆる非国家主体（non-state actors）

ON TRACK: Change is occurring at or above the pace required to achieve the 2030 targets
On track（適切な速度と規模で正しい方向に転換している指標）
●なし
OFF TRACK: Change is heading in the right direction at a promising, but insufficient pace
Off track（正しい方向への変化が確認されるが、速度が不十分）
●再生可能な発電の比率
●産業の最終的なエネルギー需要での電気比率
●軽量輸送車両で電気輸送車両の販売比率
●バス車両の中でバッテリー車と燃料バッテリー車の販売比率
●農作物の収穫量
●ルミナント肉の生産量
●アメリカ、ヨーロッパ、オセアニア地域の反芻動物肉の消費量
●化石燃料への公的なファイナンスの総額
WELL OFF TRACK: Change is heading in the right direction, but well below the required pace
Well off track
（正しい方向に変化しつつもそのペースが大変遅い）
●発電の石炭火力の比率
●発電の炭素強度
●建設工事のエネルギーインテンシティ
●現場の低炭素鋼施設
●環境への水素生産
●軽量輸送船の電気輸送船の比率
●中・重量輸送車両の、バッテリーと燃料バッテリー輸送機の年間の販売比率
●輸送部門で低燃料排出の比率
●航空輸送機の燃料供給で再生可能な航空燃料の比率
●国際船舶輸送の燃料供給で排出0燃料の比率
●炭素除去の技術評価
●森林再生
●沿岸湿地の再生
●気候ファイナンスの総額
●公的な気候ファイナンスの額
●民間の気候ファイナンスの額
●森林再生のための炭素除去の評価
STAGNANT: Change is stagnating, and a step change in action is needed
Stagnant 停滞
（転換が停滞しており、次のステップに変化が問われている）
●セメント生産の炭素強度
●鉄鋼生産の炭素強度
●最低でも＄135/tＣＯ2eの炭素価格でカバーされた地球規模排出量の比率
WRONG DIRECTION: Change is heading in the wrong direction, and a U-turn is needed
Wrong Direction 方向性の誤り
（転換の方向性が誤っており、U-turnが必要である）
●民間の軽量乗用車両の乗車比率
●森林破壊の評価
●農作物産業の温室効果ガスの排出

図 13　システム転換の進行状況モニタリング

出典：WRI, *State of Climate Action 2021* https://www.wri.org/research/state-climate-action-2021

が台頭しています。国対国の関係だけでなく、ビジネス界から市民、アカデミア、ポリシーメーカー（政策決定者）も含めた人々が集まって、一つの問題を解決するためにコアリッション（連合体）を組んでいくという問題解決の在り方がいよいよ肝心になってきます。こうした連合体をmulti-stakeholder coalitionと呼んでいます。すでに世界ではそれぞれのサブシステムの分野や、あるいはそのアクションレバーについて多様な形のコアリッションが生じており、活発に活動しています。

非国家主体とは何か、実際にどのようなことをやっているのかという例を挙げてみます。二〇二一年のイギリス・グラスゴーでのCOP26（国連気候変動枠組条約締約国会議）において、非国家主体が中心になって立ち上げたイニシアチブがいくつかあります。一つはGFANZ（Glasgow Financial Alliance for Net Zero）というイニチアチブです。金融機関四五〇社が集まり、その傘下に総額一三四兆ドルもの資産を有する組織を作って、ネット・ゼロ（温室効果ガス正味排出量ゼロ）にコミットしました。あるいはビジネスの観点から、自分たちの経営や企業活動が環境に与える影響を測定するための共通基準を作ろうという目的で、サステナビリティに関する国際的な開示基準の共通化を図る団体（International Sustainability Standards Board, ISSB）の設立が合意されたことも特筆すべき出来事でした。また、企業が主体となるFirst Movers Coalitionというイニシアチブもあります。川下産業が脱温室効果ガスの、すなわちグリーンな製品を購入することによって、川上産業への投資も促すことができるとしています。これは企業のセクターごとではなく、バリューチェーンごとのコアリッションを作ってグリーントランスフォーメーション（GX）を進めていく試みです。

システム転換を進める上では国家に任せきりにしていればよいわけではありません。われわれ一人一人が、それぞれの立場やその所属する機関も含めて、連携しながら社会経済システムを変えていく。このことが肝要です。

最後に空気の価値化というテーマにもう一度触れてみます。質の高い空気はみなが守っていかねばならないグローバル・コモンズです。その一方で先ほど見たように、貧困レベルの高い地域ほど空気が汚れているという分析があります。

ある特定の地域に偏って発生している問題だからといって、他の地域がこれを無視しているようでは、グローバルな問題解決は進みません。清浄な空気があることは地球に生きる全員の利益であり、グローバル・コモンズである、ということをまず認識すべきです。その上で、ではどうやって立場や居住域の違う人々が、あるいは環境汚染の頻度や程度も違う人々が、グローバルに集まってコアリッションを形成し、連携してこの問題に立ち向かっていけるか。こうしたことが試されています。

今まではグローバル・コモンズだとみなされていなかったものを捉えなおし、ガバナンスや政策を考えたり、国際協調やファイナンスの方法を検討したりする取り組みが、最近いくつかできあがってきました。

私自身の取り組みとしては、水と空気に関する国際的な研究タスクフォースに参加しています。つい最近まで、河川や湖（いわゆるブルー・ウォーター）はローカルな資源として扱えばよいと考えられてきました。しかし私がメンバーを務めている Global Commission on the Economics of Water は、二〇二四年にレポート(3)を発表し、この中で、地球上の水蒸気循環（いわゆるグリーン・ウォーター）が降雨の半分の原因になっていることを示し、水蒸気循環が国境を越えて広く他地域に影響を及ぼすことから、水もグローバル・コモンズとして扱うべきだという科学的見解を提示しました。さらにこの科学的な見解によれば、われわれはグローバルな水循環を毀損しつつあります。そのため、国境を越えて水資源を管理し、水を適正に価値づける仕組みを作らなくてはなりません。水に関するインフラへの投資を促す資金調達の強化や、様々なステークホルダーが協働して水に適切な価値を付けること、包括的な政策フレームワークの策定などが必要です。

また、Our Common Air というコミッションにも参加しています。大気汚染は従来、地域ごとの問題であると考えられてきました。しかし、前に述べたように大気エアロゾルの負荷は気候変動と相互

（3） Mazzucato, M., N. Okonjo-Iweala, J. Rockström and T. Shanmugaratnam (2024), *The Economics of Water: Valuing the Hydrological Cycle as a Global Common Good*, Global Commission on the Economics of Water, Paris.

に影響しています。もちろん、国境を越えて広がる大気汚染は多くの人々の健康を害しています。Our Common Airが二〇二四年に発表したレポート(4)では、大気を資産として評価しなおすことを提案しています。大気の質を改善することによる利益を定量化した上で政策に反映させ、そのための資金調達を促し、また国家間・ステークホルダー間の協働で、越境汚染を抑制する必要があると訴えています。

こうした自然関係のイニシアチブでは、神聖な自然に価値を付けることを忌避する人が多いこともあります。自然資本の価値化、特に金銭的な価値を付けることについて激しい抵抗にあうこともあります。ただ、私は地球環境ファシリティに一〇年間在籍して環境条約周辺の仕事をし、そこに資金を流す立場にいましたので、そのハードルを乗り越え、自然の価値を適切に計測して、マネタイズする方向に持っていかないと、真の意味で地球環境は守れないと考えています。最近立ち上がった上記のようなグローバル・コモンズに関するイニシアチブは、空気の価値化という観点からも軌を一にしており、大いに興味を持ってみているところです。

(4) Our Common Air Commission (2024) *Clean Air: A Call to Action*.

第9講

「空気の価値化」という欺瞞と炭素植民地主義

斎藤幸平

さいとう・こうへい● 東京大学大学院総合文化研究科准教授。一九八七年生まれ。経済思想・社会思想。ウェズリアン大学政治経済学部卒業、ベルリン自由大学大学院哲学研究科修士課程修了、フンボルト大学大学院哲学研究科博士課程修了、Ｐｈ．Ｄ（フンボルト大学）。著書に『マルクス解体』（講談社）、『人新世の『資本論』』（集英社新書）など。

はじめに

自然の「価値」valueには二つの対立する側面がある。一つは、この地球上で生命が生きるために必要である本源的な「価値」。それは、人間以外も含めた生態系全体が持っているもの、つまり人間的な尺度では表すことのできない「価値」である。

一方で、私たちが暮らす資本主義社会においては、さまざまなものに値札が付けられ、ますます多くのものが、貨幣によるやりとりの対象になってきている。そうした中で、例えば、土地、水、森も商品となり、あらゆるものの「価値」が貨幣によって表現されるようになっている。

この二つの「価値」は相容れず、対立している。前者の「価値」を持ちながら、市場で評価されないものもある。例えば空気がそうだ。資本主義のグローバル化とともに、前者の意味での「価値」は、後者の意味での「価値」へと還元されていき、すべてのものは、貨幣でのやりとりの対象、つまり商品になりつつある。そうした流れの中でもなお値札付けを逃れてきたものが空気なのである。つまり、この空気は、資本主義社会において残された最後の「コモンズ」と言っても過言ではない。

ところが今、空気というコモンズもまた商品化されようとしている。つまり、この空気にも値札が付けられるようとしているのだ。実際、ダイキンのような企業が、「空気の価値化」に関心を示すのも、エアコン、空気清浄、美容、公衆衛生といった領域で、空気をめぐる新しいビジネスチャンスを虎視眈々と狙っているからにほかならない。

昨今のコロナ禍や気候変動は、普段意識しない「空気」に対する私たちの関心を著しく増大させた。けれども、この関心が資本主義的な「価値」に包摂されるなら、空気も独占され、格差を生み出し、環境も悪化させる可能性がある。だとすれば、「空気の価値化」は批判的に検討されなければならない。「空気の価値化」の欺瞞を暴き、「炭素植民地主義」carbon colonialism の危険性を説く、それが本講の狙いである。

クジラの価値

「空気の価値化」について考えていくために、少し寄り道をして「クジラの価値」について考えてみたい。クジラはかつて乱獲の対象になり、頭数を減らしてきた。けれども、クジラは海洋生態系を支える上で重要な役割を果たしており、また、二酸化炭素を吸収してくれる（一頭当たり三三トン）。クジラの頭数をかつての数にまで戻すことで、一七億トンもの二酸化炭素をクジラたちは吸収してくれるという。

では、地球環境を守ってくれているクジラにつけるべき適切な「価値」はいくらだろうか。IMFの報告書によれば、その価値は一頭当たり二〇〇万ドル（約三億円）、種全体で言うと、一兆ドルだという（Ralph Chami et al. "Nature's Solution to Climate Change," *Finance & Development*, 二〇一九）。だとすると、一人当たり環境を守るために、私たちがクジラの保護・保全に投資すべき金額は、頭割りで計算すると、一人当たり一三ドル（約一九〇〇円）。一三ドルでクジラが増えて、二酸化炭素も吸収される。これを高いと感じるか、それとも安いと感じるか (Adrienne Buller, *The Value of A Whale*, Manchester University Press, 2022)。

しかし、ここでは安いか、高いかだけでなく、もう一歩議論の前提にまでさかのぼって考える必要がある。というのも、そもそも、クジラに値札を付けるという行為に、一つの違和感を感じるべきだからだ。

勝手に人間が「クジラ、おまえは二酸化炭素を吸うから価格を付けてやろう」、ゴキブリには「おまえは役に立たないから価格は付けない」と決めてしまう。しかし、動物の価値を人間が勝手に決めていいのだろうか。何か違和感を感じないだろうか。

世界経済フォーラムによる別の計算によると、地球の生態系全体の働きに、約四四兆ドルの経済活動が依存しているという。たしかに、これは大きな額である。一方、アメリカのS&P500、GAFAやテスラなどが入っている五〇〇社の銘柄で構成される企業の時価総額は、四七兆ドル。だとすれば、クジラの一兆ドルは無視できるような誤差にも思えてくる。果たしてそれでいいのだろうか。

実際、こうした自然の価格付けがうまくいっているかといえば、そうではない。ESG (Environment, Social, Governance) やSDGsがブームになり、環境保全と経済成長が両立可能だという話はいろいろなところで耳にするが、現実には、パリ協定の一・五度目標の達成は絶望的になっている。自然の価値化をすればうまくいくという企業の宣伝とのギャップはあまりにも大きい。

実は、前提そのものが間違っているために、解決策も間違っているのではないか。つまり、自然を内部化すればうまくいくという考え方が根本的に間違っているために、結局、その前提から出てくる値札付けの話も間違ってしまったのではないか。だとすれば、「空気の価値化」もうまくいかない。

複合危機と炭素税

気候危機はもはや待ったなしの状況である。二〇二四年も観測史上最高の暑さを記録したが、それでも長期的には、今年が最も涼しい夏になる。今後、気候変動の進行に伴って、山火事、豪雨、干ばつなどの異常気象が頻発するようになる。異常気象が、今度は水不足であったり、食糧危機をもたらして、それがインフレを加速させる。また、環境難民の発生は政治を不安定化させ、排外主義が台頭するだろう。いくつもの危機が絡み合う慢性的な複合危機に、どのように対処すればいいのだろうか。

標準的な経済学のアプローチによれば、環境負荷は、市場の価格メカニズムの下で適切な価格づけがなされず、外部化されてしまった点が問題視される。例えば、二酸化炭素排出は、最終的に私たちの地球環境を破壊し、経済的損失を生み出すのだから、二酸化炭素排出に対して、本来は費用負担を求めなければならない。ところが、化石燃料の価格は非常に安く、補助金さえ出ている。まさにそのおかげで、安い飛行機や大きなSUVに乗ったり、安い牛肉を食べたりできるわけだが、それは本来負担すべき費用を外部化してしまっているのである。

このことから、その費用を計算してあらかじめ化石燃料の価格に上乗せし、内部化すべきだというカーボン・プライシングの議論が出てくる。その代表例である炭素税は、二酸化炭素排出に責任がある企業や消費者に適切な費用を支払わせようとするものだ。負担増を忌避する企業や消費者には、化石燃料の使用を避けようとするインセンティブが働き、技術革新や消費削減が促される。炭素税とは、まさに空気（＝二酸化炭素）を価値化していくことで、市場メカニズムを使って、環境対策をしようというやり方なのである。

要するに、主流派経済学のアプローチによれば、空気が市場に取り込まれてこなかったからこそ、環境破壊が起きるのだ。大気コモンズは、単なるごみ捨て場（シンク）として扱われ、「二酸化炭素を捨てるのは無料だから、好きなだけ排出しても構わない」となってしまったのだ。これが、「コモンズの悲劇」と呼ばれる事態である。もし炭素税がうまくいくなら、資本主義は「大気コモンズの悲劇」も空気の価値化によって解決できるだろう。しかし、そもそもこの「コモンズの悲劇」という理論的枠組みは有効なのだろうか。この点を検討しなければならない。

どういった問題点があるのか、具体的にみていこう。一番有名なのが、ノーベル経済学賞を受賞したウィリアム・ノードハウスのＤＩＣＥ（Dynamic Integrated Climate-Economy）モデルである。ＤＩＣＥモデルは、一三本の式を用いて、どの程度の環境対策が、どれくらいの気温上昇につながり、さらには経済への影響をもたらすかを計算可能にしてくれる。

そもそも環境対策が遅すぎると気候変動が悪化してしまって、それが、経済に悪影響を与える一方、炭素税をかけすぎると経済成長にブレーキがかかる。過度の炭素税は景気を悪化させ、長期的には、失業や貧困、自殺など、別の問題を引き起こす。だからバランスが大切なのだ。

ノードハウスによれば、経済成長を続けたほうが――仮にそのせいで地球環境が悪化したとしても――将来の世代は、より少ない資源からよりたくさんのものを作れるようになったり、新しい技術で、気候変動にも対応することができるので、現状の地球環境を将来の世代に残しておく必要は必ずしもない。

ここでノードハウスがDICEモデルを使って引き出している結論は注目に値する。ノードハウスの最適解は、大体、今世紀末までに三・三―三・五度ほど気温が上昇するという選択肢なのである（William Nordhaus, "Projections and Uncertainties about Climate Change in an Era of Minimal Climate Policies," *American Economic Journal: Economic Policy*, 2018）。現状維持のシナリオが今世紀末までに四度の上昇だということを考慮すると、ノードハウスの最適解は、実質的に、ほとんど気候変動対策をしなくていいという結論に近い。彼の見解では、気候変動対策をしすぎて経済成長を抑制してしまうことのほうが、未来の世代に負の影響を与えてしまう。むしろ、このまま成長を続けて技術革新を優先し、あとは基本的に放任していけばいいということになる。果たして、このような結論に、経済学者以外がどれほど同意できるだろうか。

なぜこうした結論になるかといえば、経済学の「代替可能性」substitutabilityという考え方が影響している。それによれば、一つの資源は別の資源で置き換えられる。例えば、ナラの木が枯れたとしても、それはスギの木で植え替えられるというように。

この考え方を押し進めていくと、気候変動の影響で起きた干ばつによって、アフリカの農耕地が失われたとしても、アフリカの農業で生み出される農産物の価値は、他の地域の農産物で代替可能になる。例えば、カナダでは気候変動のおかげで、ますます農業が発展するかもしれない。しかも、カナダではアフリカよりももっと大規模で、効率がいい生産が可能なため、アフリカでの農業の損失は、十分に「代替可能」ということになる。

代替可能性の考え方を用いると、アフリカや東南アジアなどの元々付加価値の小さい経済活動は過小評価されることになる。けれども、そこで暮らしている人々の生活や文化はどうなるのか。あるいは、そこにある生態系はどうなるのだろうか。暗に人間の命の「価値」にも差があるということにならないだろうか。

当然、ＧＤＰと生物多様性のどちらを選ぶか、あるいは、世界のＧＤＰと、アフリカで暮らしている人たちの命のどちらを選ぶかという選択は、決して自明ではない。また、ＧＤＰが増えたとしても、生物多様性が失われてもいいという話にはならないはずだ。

本来、命や生物多様性は代替不可能なものである。しかし、代替不可能であることを認めれば、さまざまな計算ができなくなってしまう。一方で、無理矢理に代替可能性の考え方を拡張していけば、生態系の価値が剝奪され、途上国の人たちの命や経済活動がより低く評価されることになってしまう。

経済成長を測る際のＧＤＰの一面性はよく批判されるが、ＧＤＰには空気や水の綺麗さ、人間の寿命、治安、幸福度などの要因は含まれない。さらに、ＧＤＰに寄与しない人間のエッセンシャルな活動も数多くある。特に女性が担っているようなケアの活動、子育てや介護、家事も含まれないのだ。あるいは、先住民の人たちの伝統的生活が、アマゾンの熱帯雨林を守ることにつながっているとしても、それがＧＤＰに反映されることはない。

炭素税の問題点

先にも述べたように、ノードハウスの議論の前提は、炭素に値段を付けて市場でそのコストを内部化すれば、問題は解決するという主流派の考え方である。そのために、ノードハウスは最適な炭素税率を決めようとする。今後、カーボン・プライシングこそ、「空気の価値化」におけるもっともポピュラーな方法になるだろう。

カーボン・プライシングによって、二酸化炭素の排出量に対して、一トン当たり幾らという形で値段を付ける。それが代替技術や代替素材の導入を促進していく。また、二酸化炭素を出す企業や消費者がその分多くの税金を払うという意味では、「汚染者負担の原則」にも合致するようにも見える。何より、炭素税は、石油メジャーの会社やプライベートジェットを乗り回す超富裕層までも賛同している実現可能性の高い提案なのだ。

では、炭素税に問題はないのか。ノードハウスの炭素税が、結局、三・五度の気温上昇を許容したことをまず思い出そう。それに対して、もし科学者たちの提唱する一・五度目標に整合的な形で二酸化炭素排出量を削減しようとするなら、一トン当たりに対して約三〇〇ドルの課税をしなければならないという欧州中央銀行の試算がある。ところが実際には、炭素排出価格は世界平均で一トンあたりわずか二ドルにすぎない。これは、三・五度目標にすら不十分な数値である。

このあまりにも大きな現実と理想の乖離が起きてしまうのは、高い税率を企業が忌避するからである。結局、炭素税を導入することになっても、非常に低い税率でとどまり、ただ「導入した」という、実行力のないやったふりになってしまう。

第二に、炭素税には逆進性という問題がある。例えば、電気利用に対しても炭素税はかかる。裕福な人たちは、それでも構わないだろう。一方、低所得者の人たちには、そうした余裕はない。つまり炭素税は逆進的なのだ。その場合、一トンあたり三〇〇ドルの炭素税を導入できないのも当然だろう。本来、富裕層こそ二酸化炭素をより多く排出している以上、彼らが脱炭素化の費用もより多く負担するべきであるが、一律に二酸化炭素排出に対して税金をかけるやり方は、そういった格差の問題を、むしろ不可視化してしまう。

第三に、公正さの問題がある。富裕層は炭素税が課されたとしても、それを逃れる新しい技術に容易に転換できる。つまり、炭素税を逃れられる電気自動車や太陽光パネルを買うことができる。それに対して、貧しい人たちは古い車を使い続けなければいけないので、結果的に、貧しい人たちの生活が、ますます厳しくなるのだ。

第四に、減らすべき優先順位の区別を付けることができないという問題がある。つまり、本来であれば、石炭火力をまず廃止すべきであり、次に大型のガソリン車を廃止すべきだという優先順位がある。合わせて豪華クルーズ客船やプライベートジェットのような不要なものを、まず、なくすべきだろう。けれども、炭素税を導入しても、ビル・ゲイツのような超富裕層は「高くなったけど払うよ」と言えば、プライベートジェットも、豪華客船もなくならない。逆に、貧しい人たちだけが車を手放さなければいけなくなるという本末転倒な事態が生じかねない。まさに空気を価値化することによって、格差が拡大してしまう危険性があるのだ。フランスの経済学者セデリック・デュランはこの点について、次のように述べている。

カーボン・プライシングは、億万長者を宇宙に送り出すような不純な炭素利用と、脱炭素経済のためのインフラ構築のような不可欠な炭素利用を社会が区別することを可能にしない。移行が成功するためには、前者は不可能になり、後者は可能な限り安価になるべきだ。そのため、一律の炭素価格は失敗への明確な道となる。

(Cédric Durand, "Energy Dilemma," *Sidecar*, 2021)

脱炭素化に必要なインフラ整備も、二酸化炭素を排出する。それでも脱炭素化のために不可欠である以上は、最大限優先しなくてはならない。逆に、そうしたやむをえない二酸化炭素の排出があるからこそ、宇宙旅行やプライベートジェットなど、エッセンシャルでないものは禁止すべきなのだ。けれども、そういう区別をできない一律の炭素税は公正で迅速な脱炭素化を実現することができない。

カーボン・オフセットとBECCSの欺瞞

では、別の方法はないか。もう一つの「空気の価値化」(二酸化炭素に値段をつける方法)がカーボン・オフセットである。

カーボン・オフセットとは、例えば、飛行機に乗ったら、その代わりに数千円を払うことで、航空会社が代わりに木を植えてくれるようなサービスを指す。その木が育つ過程で、飛行機の排出した二酸化炭素を吸収してくれるというわけだ。あるいは、直接木を植えてくれなくても、カーボン・クレジットを購入して、別の会社が木を植えてくれる。それでプラマイゼロになるというものだ。

このクレジット制度は、今後、世界的に大きな市場になっていくだろう。それを加速させるのが、クレジット売買の市場だ。つまり、先にクレジットを買っておけば、今後炭素税率の上昇に合わせて、クレジットも高騰化していく。その時に、クレジットを販売すれば、儲けが出るだろう。また、別の業者は新しい森を買ったりして、そこで、さらに植林事業を進めて、クレジットを増やすことができる。既に一〇〇億ドル規模の市場が世界には存在しているとされる。

なぜカーボン・オフセットは人気なのか。実際に、脱炭素化をしようとすると、新技術や投資、削減などさまざまなことを集中的に実施しなければならないが、オフセットの場合には、自分たちは、何もしなくていい。例えば、飛行機業界は、現状では脱炭素化の目処がまったく立っていないなかで、オフセットは一番簡単な現状維持の方法なのである。

とはいえ、カーボン・オフセットにも問題がある。まず、木を植えたとしても、その木が枯れたりしたらなんの意味もない。きちんと育った時に初めて、何トン吸収するという約束が果たされるからだ。ところが、その保証はどこにもない。誰も監視しているわけではないのだ。

実際、米国ではカーボン・オフセットの不透明な運営をめぐって訴訟も起きている。さらに、今後気候変動が進んでいけば、山火事のリスクも高まっていく。

さらに、元々、森として管理されていた場所も、新しいカーボン・オフセット市場が広まる中で、クレジットの対象にして売買しようという流れが出てきている。その森は取引のために新しく作られた森ではないにもかかわらず、カーボン・オフセットのための新しい商品に転換されていくのだ。

仮に、一・五度目標を目指してカーボン・オフセットをしようとするなら、新たにブラジルの面積と同じ大きさの森を作らなければならないとされる（Josh Gabbatiss, "Analysis: Shell Says New 'Brazil-Sized' Forest Would be Needed to Meet 1.5℃ Climate Goal"）。もちろん、それは非現実的である。起こりうるシナリオは、先進国の人間が排出している二酸化炭素をオフセットするために、アフリカや南米、東南アジアなどの土地が奪われていく未来である。

空気が価値化された結果、それは森を買うための原資となる。だが、まさにその結果として、すぐに育つような木を次々に植えていくことになり、元からあった生態系が破壊されるかもしれない。あるいは、そこに暮らしていた小農や先住民が追い出されることになりかねない。まさに炭素を契機とした、新しいグローバル・サウスの土地収奪が行われようとしている。これが炭素植民地主義である。

最後に、BECCS（Bioenergy with Carbon Capture and Storage）についても見ておこう。バイオマス・エネルギー（BE）と二酸化炭素回収・貯留（CCS）の合わせ技である。

まず、バイオマスについていえば、ますます多くの土地をバイオマスの生産に充てないといけない。しかし、バイオマス作物の生産に奪われてしまったら、今世紀の中ごろには一〇〇億人ぐらいになると予想されている世界人口を養うだけの食糧生産用の土地が足りなくなる可能性がある。つまり、先進国用のバイオマス生産のために、グローバル・サウスの土地は収奪され、バイオマス用の植物のプランテーションによって、生物多様性や原生植物を破壊するリスクがある。

一方、ＣＣＳは、二酸化炭素を直接吸収していく技術である。天然ガスや石油などを採掘してできた隙間に、今度は二酸化炭素を埋めていく。けれども、将来的に地震などで亀裂が入って、回収した二酸化炭素が漏れ出すリスクも存在する。しかし、それを監視するのは極めて難しい。二酸化炭素は無色・無臭である。

つまり、いったん地底に埋めてしまえば、あとはどうなるかわからないという、非常に無責任な技術にすぎないのだ。しかも、二酸化炭素を吸収する際には、大量の電力や水も必要となる。結局、既存の化石燃料を燃やし続けるためだけに別の資源が浪費されることになる。

ＣＣＳは現状ではコストも非常に高く、大規模で導入するような目処は立っていない。それでも、いつかは採算が取れるようになるという期待が先行し、研究や開発のために多くの資金が投入されている。それはつまるところ、将来的に、大規模の吸収技術が生まれるのであれば、今の私たちはそれほど急いで大転換をしなくていいという言い訳になるからではないか。

炭素植民地主義

以上のように、空気を価値化していこうというアプローチに共通しているのは、気候危機を引き起こしている既存の経済の在り方を変えるのではなくて、むしろ、温存するための方法になってしまっているという問題である。そして、既存の経済システムの矛盾や問題点に正面から取り組まない結果として、環境対策として不十分なものになってしまっているのだ。炭素税はもちろん導入すべきだとしても、それは決して万能の解決策ではない。

というのも、環境問題は、二酸化炭素をただ削減すれば解決するわけではないからだ。空気を価値化した結果、土地が収奪されて、その結果、食料が奪われたり、生態系が破壊されたり、あるいは、CCSのために水が大量に奪われるのであれば、公正な移行は決して実現されることがない。それどころか、既存の搾取や不公正を強めることにさえなる。

空気の価値化の限界は、二酸化炭素の排出量しか測ることができない貨幣による測定の限界の表れである。貨幣は、二酸化炭素の排出量を内部化することができたとしても、複雑な生態系、地球システムや、水や食料、土地などの、私たちのグローバル経済の連関を十分に測ることができない。空気に値札を付けることが、問題の抽象化・数量化を生み出して、代替不可能性の問題を不可視化することになってしまう。

例えば、気候変動は九つのプラネタリー・バウンダリーの一つでしかない。水利用や土地利用、生物多様性などの問題すべてを解決しなければ、持続可能な社会にはならないのである。

では、そうした持続可能性を技術革新だけで達成できるかといえば、世界最大のGDPを誇るアメリカの生活は、プラネタリー・バウンダリーを大きく超えてしまっていることからも、その困難さが浮かび上がる。現在のアメリカの生活を続けながら、気候変動の二酸化炭素排出だけに特化すれば、これを大きく減らしていくことは不可能ではないかもしれない。しかし、すべてのプラネタリー・バウンダリーに収まるような生活ができるかというと、それは明らかに不可能である。

さらに、グローバル・ノースの豊かな生活を支えているのが、グローバル・ノースとグローバル・

サウスの不等価交換であるが、それがますます悪化する可能性がある。グローバル・ノースの豊かさの裏には、安い労働力や安い資源などを、途上国やグローバル・サウス、すなわちかつての植民地から持ってきた歴史がある。

このノースとサウスの間の不等価な交換は、単に安い労働者たちの労働力を搾取しているだけではなくそれに伴って、さまざまな安い資源も移動している。例えば、レアメタルを、南米やアフリカから買い叩き、それで半導体や電気自動車を作って、南米やアフリカにかなりの高値で売り付ける。これはまさに二重の不等価交換であって、今後の脱炭素化の過程でも、このような不等価交換は加速していく。例えば、銅やニッケル、コバルト、リチウムなどの資源も、今後、脱炭素化の過程でその消費量は急速に増大していく。けれども、こうした資源の多くはグローバル・サウスにあり、そのことがさらなる不等価交換を高めることになるのだ。そして、採掘における環境負荷も、周辺へと押しつけられることになる。

プラネタリー・バウンダリーの中で、誰もがウェルビーイングを追求できる社会をつくろうとするのであれば、不等価交換をやめることが、公正な移行には不可欠である。このような視点から、ジェイソン・ヒッケルは、「大気コモンズの原則」を掲げている。「大気は限りある資源であり、すべての人はプラネタリー・バウンダリー内でそれを等しく共有する権利を持つ」という考え方が「大気コモンズ」である（ジェイソン・ヒッケル『資本主義の次に来る世界』野中香方子訳、東洋経済新報社、二〇二三年、一二〇頁）。大気は無償で無限な資源だと思いがちだが、大気もまた限りある共有財産である。それがゆえに、すべての人はプラネタリー・バウンダリーの内部で、それを等しく享受する権利を持つべきだというのだ。

どういうことか。アフリカの貧しい人たちも空気を吸っている。それはもちろん事実だ。ただし、二酸化炭素は排出されると、地球全体で「薄められる」。グローバル・ノースで出た二酸化炭素は、ほとんど使っていない地域にまで薄められていく。先進国や富裕層は、グローバル・サウスの空気を使って、自分たちの排出している二酸化炭素を薄めているのである。

その意味で、大気は本来コモンズであるにもかかわらず、一部のグローバル・ノースの人たちが独占してしまっている。実際、アメリカでは、世界のプラネタリー・バウンダリーの超過排出量の四〇%以上の責任を負っているし、グローバル・ノース全体では九二%にもなる。

それに対して、南アメリカ、アフリカ、中東などの利用量はわずか八%にすぎず、格差は歴然としている。ここでは、グローバル・ノースがグローバル・サウスの大気を植民地化しているのだ。土地の収奪と同様に、グローバル・サウスのコモンズを奪い、生態系と人々の暮らしを破壊しているのだから。

もちろん、気候変動の影響で最初に命を失うのも、グローバル・サウスである。グローバル・サウスは気候危機に対してほとんど責任がないにもかかわらず、気候変動の影響による被害の大半を受けることになる。所得の上位一%の人々が全体の一五%の二酸化炭素を排出している一方で、所得の下位五〇%の人々は、わずか七%しか排出していない。

大気コモンズの独占、破壊、植民地化による不公正は二重である。グローバル・ノースは、ファストファッション、牛肉、電気自動車の生産に必要な土地や資源を独占し、それらを大量に消費する。

そのうえで、排出された二酸化炭素をまたグローバル・サウスに押し付けて、その結果、引き起こされる気候変動の被害もグローバル・サウスに押し付けるのだ。

実際、二〇一〇年には、気候変動が原因で、約四〇万人が亡くなっているとされるが、大半は飢えと伝染病によるもので、そのほとんどグローバル・サウスで起きている。そのうちの八三%は、世界で最も二酸化炭素の排出量が少ない国々で起きているのである。今後さらに、気候変動の影響による死は増えていくけれども、その大半はグローバル・サウスで起きることになる。

少数の富裕国の過剰な排出、EUやアメリカや日本が、貧しい国の数十万人の人々に害を及ぼし、命を奪うことは、人道上の罪であり、気候変動は貧困者に対する非道徳的な暴力に他ならない。

ところが、サウスとノースの権力関係は、「空気の価値化」という市場のナラティブにおいては不可視化されていく。本来重要なのは、マルチネス・アリエの唱える「貧者の環境主義」environmentalism of the poor である。環境問題は常に弱い人たちに皺寄せがいくからこそ、歴史的にも、抵抗運動は貧しい人たちが担ってきたのであり、オルタナティブのヒントもそこにある。例えば、女性や、グローバル・サウスの人たちや、先住民の人たちの視点に立って、この問題を考えなければならない。

今後、資本主義が発展していくと、一方では、植民地支配や、新自由主義や、不均等発展によって、その過程で構造調整プログラムによる緊縮財政、規制緩和、民営化、土地収奪が格差を広げていく。他方で、自然環境のほうでも、化石燃料を大量に使い、森林を伐採していくシステムが気候変動を引き起こし、干ばつ、洪水、ハリケーン、山火事などのリスクを増大させる。その結果、自然的な要因と、社会経済的な要因が合体して、大惨事が引き起こされるだろう。これこそ、人新世の複合危機である。これには「空気の価値化」だけでは対応できない。なぜなら、危機はより包括的なものであり、ここ数百年の歴史に結び付いた、資本主義の暴力や収奪の植民地主義を正すことなしには解決できないものだからである。

おわりに

それどころか資本主義は、この気候危機という危機の中にさえも金もうけのチャンスを見いだしていく。気候変動が進めば、ヨーロッパやアメリカでも、エアコンの販路は拡大していく。これを、「惨事便乗型資本主義」と、ナオミ・クラインは呼んだが、「空気の価値化」は大気コモンズの商品化、金融化を進めていくだろう。その過程では、土地や資源などの収奪も強まっていくことになる。空気が価値化されることで、気候変動対策が過去にも植民地支配に苦しんできた地域の土地収奪を加速させるのは、皮肉としか言いようがない。

要するに「空気の価値化」という市場ベースの解決策は、無限の成長を続けるために、格差を広げ、環境破壊を続ける資本主義システムとの批判的対峙を回避させる問題含みのやり方なのである。これまでどおりの通常運転を「空気の価値化」が正当化するのであれば、対抗運動には、正反対の道が必要だ。つまり、大気コモンズ、あるいは地球コモンズを、貨幣という一つの尺度で測ることはできないことを認め、大気を価値化するのではなく、脱商品化しなければならない。そのうえで、歴史的な不平等や暴力といった、価値化されないものにこそ、目を向ける必要があるのだ。

読書案内

本講の理解を深める上で参考になるものを、日本語で読めるものを中心に紹介したい。まず、筆者の基本的立場は、斎藤幸平『人新世の「資本論」』（集英社、二〇二〇年）で展開している。そのなかでも強調しているが、気候正義と整合的な、脱炭素化にむけた公正な移行のビジョンを描いているのは、「脱成長」のアプローチである。残念ながら日本語で読めるものは依然として多くはないが、脱成長については、ヨルゴス・カリスらの『なぜ、脱成長なのか』（NHK出版、二〇二一年）やセルジュ・ラトゥーシュ『脱成長』（白水社、二〇二〇年）も参考になるだろう。

脱成長が重視するコモンズの重要性と、しばしば指摘されるハーディンの「コモンズの悲劇」の問題点については、エリノア・オストロム『コモンズのガバナンス』（晃洋書房、二〇二二年）を参照されたい。

また、グローバル・ノースとグローバル・サウスの格差については、ウルリッヒ・ブラントとマルクス・ヴィッセン『地球を壊す暮らし方』（岩波書店、二〇二一年）が詳しい。また、ヨルゴス・カリス『LIMITS 脱成長から生まれる自由』（大月書店、二〇二二年）は、グローバルノースにおける放埓な暮らしとは異なる生き方について明らかにしている。

不等価交換については、サミール・アミン『不等価交換と価値法則』（亜紀書房、一九七九年）が古典である。この議論を環境的な視点で発展させたものとしては、ジェイソン・W・ムーア『生命の網の中の資本主義』（東洋経済新報社、二〇二一年）がある。また、これまでの開発の問題点を指摘し、「ポスト開発」という考え方が提唱されているが、この点については、アルトゥーロ・エスコバル『開発との遭遇』（新評論、二〇二二年）が参考になる。また、「貧者の環境主義」という視点からは、エコフェミニズムの視点が欠かせない。ヴァンダナ・シヴァ『アース・デモクラシー』（明石書店、二〇〇七年）はその代表作だ。

主流派のウィリアム・ノードハウスの議論は、『気候カジノ』（日経BP、二〇一五年）で読むことができる。また、技術によって気候危機を解決していくという考え方は、例えば、アンドリュー・マカフィー『MORE from LESS 資本主義は脱物質化する』（日経BP日本経済新聞出版、二〇二〇年）で展開されている。そうした議論を軸にして、より持続可能な経済成長を追求する立場としては、グリーン・ニューディールがあり、明日香壽川『グリーン・ニューディール』（岩波新書、二〇二一年）が詳しい。

最後に、以上の議論に包括的に目配りをした入門書としては、ジェイソン・ヒッケル『資本主義の次に来る世界』（東洋経済新報社、二〇二三年）があり、「大気コモンズ」、「脱成長」、「植民地支配」などについてのまとまった紹介がある。

終講

「根源的な中立」の学問

来るべき「空気の哲学」のために

石井　剛

いしい・つよし　東京大学大学院総合文化研究科教授、東京大学東アジア藝文書院院長。一九六八年生まれ。博士（文学）。中国近代思想史・哲学。著書に、『斉物的哲学』（華東師範大学出版社）、『戴震と中国近代哲学』（知泉書館）など。

価値／価値化についてもう一度整理する

空気を価値化するためには、それをなにがしかの方法で計量可能な対象にしなければなりませんが、空気は地球の最も表層においてかたちなく流動し続けている気体の総称であり、それにまるごと一律の価値を与えようとしてもうまく行きそうにありません。一方、空気の価値はある意味自明だとも言えます。「かけがえのない地球」とも言うように、わたしたちが生存をゆるされているこの空間の絶対的な価値を否定する人はいません。空気のかけがえのなさこそがこの意味における空気の価値です。しかし「空気の価値化」という目標は、こうした自明の価値を反復することではないはずですので、より具体的な価値のアスペクトを「空気」なるものから取り出す（空気を分節化する）必要があります。

試みに価値に関するデヴィッド・グレーバーの議論を振り返っておきましょう。彼は、「価値／価値化」を、社会学的な意味での「価値観」（values）、経済学的な意味での「価値」（value）、言語的な意味での「価値」（value）という三つに分類しています（デヴィッド・グレーバー『価値論——人類学からの総合的視座の構築』、藤倉達郎訳、以文社、二〇二二年、一三頁）。三つ目について過去の講義では正面から取り上げられてこなかったと思います。物事に価値が賦与されるためには、それが他とは異なる何かである必要があります。また、それが有意味なものであるためには、人間による何らかの働きかけが必要です。例えば、椅子が椅子であるためには、それが腰をかけるものとして用途を限定される必要があり、しかも多くの人びとがそれを腰をかける道具であると一致して認知する必要があります。あるものは椅子としてだけでなく、机として用いられる場合もあれば、踏み台として用いられる場合もありそうですが、これらの用途が同時に達成されることはありえませんから、人の行為に対応して、すなわち時間的に制限されることによって、椅子として認知され機能することになります。こうして人びとの働きかけを通じて、物事は渾然一体としたカオスのなかから限定的に取り出され、名を（意味を）獲得します。物事の意味は結局のところ、他との関係のなかでしか成立しえませんので、何かと何かが差異のある関係性のなかに配置され体系化されます。言語とはそのような差異の体系です。

では、どうすれば空気を他の何かから区別して、それに特別な意味を与えることができるでしょうか。わたしたちが空気の価値化について考えなければならなくなった環境的要因の中でもとりわけ重要なものに、近代的な人類活動への反省があります。そして、わたしたちが直面している危機はきわめて深甚なものです。頻発する大規模な自然破壊の結果、人類のみならず、地上に暮らすほとんどの生物が死滅してしまうような最悪の結末がもたらされないとも限りません。そう考えると、空気の価値化を考える際に、わたしたちはどうしても人類のことだけではなく、この地球上に棲息する無数の生物種のことまでも考えなければならないでしょう。そうであるならば、言語的分節化とは異なるレベルで何か全体的な意味づけと価値づけの必要がどうしても生じてしまうのではないでしょうか。そもそも空気とはそのような総体性においてこそ価値づけられねばならないのではないでしょうか。

こうして問題は堂々めぐりになります。意味のある差異の体系に組みこんでいくことでしか、具体的な人間の活動の中に空気の価値を位置づけていくことはできないでしょうし、その一方で、経済活動や社会活動に制約されない、より高次の総体性において空気は意味づけられなければならないのです。

空気の哲学

この節では『荘子』の斉物論《せいぶつろん》を見ながら空気の価値について考えてみます。「斉物」とは、「物を斉《ひと》しくする」という意味ですから、斉物論は万物を平等に扱うための思想です。しかし、万物が平等であるということは、万物が皆等し並みに同じものになるという意味ではありません。もしそうであるならば、「意味のある差異」がなくなってしまいます。「斉物」とはしたがって、すべてのものがすべて異なっているからこそ平等なのだという思想です。

「斉物論」の冒頭に掲げられる物語は「斉物」の世界を活き活きと描き出しています。南郭子綦《なんかくしき》は顔成子游《がんせいしゆう》に説きます。

子綦、「君は人籟《じんらい》を聞いたことがあっても、地籟《ちらい》を聞いたことはあるまい。たとえ地籟を聞いたことがあったとしても、よもや天籟を聞いたことはあるまいな。」

子游、「どうか、そのすべをお教えください。」

子綦、「そもそも大地の吐き出すおくび、これを名づけて風と言う。この風が一旦吹き起こるとなると、大地に開いた無数の竅穴《あな》が一斉に叫び始める。君もびゅうびゅうという唸り声を聞いたことがあるだろう。山林の高低のうねりが作り出す隈や、百抱えの大木にできた虚穴《うろ》などの形は、鼻に似、口に似、耳に似ている。あるいは、枡形に似、曲げ物に似、臼に似ている。また、大池に似たものもあれば、小池に似たものもある。ばしゃと水の石走《いわばし》る音があり、びゅうと鏑矢《かぶらや》の唸りがあり、しっと叱る声があり、ひゅうと吸いこむ音があり、きゃあと叫ぶ声があり、わあと泣き叫ぶ大声があり、ぼうと深くこもった音があり、ちゅっと哀しい小鳥の鳴き声がある。前の穴がおうと鳴りかければ、後の穴がぐうと返す。微風にはピアノで応じ、疾風にはフォルテで応ずるが、やがて烈風も静まれば、もとの虚《うつろ》に返っていく。君もきっと、ざわざわと揺らぎ、さわさわとそよぐのを見たことがあるだろう。」

子游、「地籟は、大地の風が竅穴どもに吹きつけて出す音声であるにすぎず、人籟は、人間が竹を並べて作った簫の音であるにすぎません。どうか天籟についてお教え下さい。」

子綦が答えて言う。「そもそも大地と人間の吹き出す音声は、無数に異なり、それらが自ら音声を出している。全て自ら主体的にあれこれの音声を選び取っているのだ。そのように仕向けているのは、一体誰であろうか。」

(『荘子(上) 全訳注』、池田知久訳注、講談社、二〇一四年、一一〇―一一二頁。一部改変)

地籟とは、大地に巻き起こった風が物と関係して生じるさまざまな音を指しています。それは、山間の窪地を通り抜けるときの音であったり、水面を揺らす音であったり、また万物の穴をくぐり抜ける際の音であったりします。万物の穴のなかには大木の幹にできた洞のようなものもあり、鳥や動物たちの鳴き声のように、生命ある存在が声を発するのもまた穴状の発声器官を通じてであるとこのテクストでは理解されています。これら大小さまざまな音は無限に異なっています。大地に生じた風が気流となって醸しているという点で地籟は総体的には一続きの作用ですが、さまざまな音相互にハーモニーがあるわけではなく、それぞれは好き勝手にかき鳴らされています。

音を出すそれぞれの「主体」は、それが認識されている限り、それぞれが他とは異なる「意味のある差異」として固有の価値を有しており、それらは単に音を出すだけではなく、それぞれの物種の特徴に応じて、風、つまり吐き出す空気の組成を転換しています。例えば、植物は二酸化炭素を取り入れて酸素を排出し、動物はその反対に酸素を取り入れて二酸化炭素を排出しますね。そうして排出されるガスは、異なる生物の共生的関係を媒介するばかりではなく、ある種にとっては生存の脅威となる場合もあります。したがって、必ずしも調和的ではないにもかかわらず、固有の価値を有するすべてのものは、それらすべてのものをつなぐ空気という一個の総体のもとで存在していると言えます。このものがたりは、空気という全体的なシステムの個々の場面では、さまざまな個物が必ずしも相互の関係性を自覚することなく（時に相互に排斥しながら）、無数に並立していることを提示しています。総体性と個別性はここでは動態的なバランスの中で両立しています。

それでは「天籟」とは何でしょうか。南郭子綦は正面からこの問いに答えず、「一体誰であろうか」と反語的に問い返しています。地籟には誰か特定の作用者がいるわけではないにもかかわらず、それが全体として成り立つようなはたらきこそが天籟なのでしょう。地籟を起こす風とは空気が流動しているさまのことですが、天籟は空気そのものではなく、空気が流動し、地籟が鳴り響く条件を構成している根源的な作用です。音を発するさまざまな主体たちは、相互に異なる価値を有し、しかもそれらの価値は並立して相互依存的な共生関係を成立させているだけではなく、局部的に見れば他の存在を害していることさえあるかもしれないのですから、天籟の作用によって成り立つバランスはきわめて脆弱です。地球四五億年の歴史を振り返ればすぐにわかるとおり、大気の組成が豊かな生命の涵養に有益だった時間はあくまでも限定的です。地籟の響き渡る世界は必ずしも生命の讃歌だとは限らないのです。したがって、天籟の世界を美しいと感じるのは人間の側の一方的な思いこみにすぎません。荘子は巧みにも、こうした人間の一方的な思いこみを戒めることを忘れてはいません。

試しに君に問うてみよう。人は、湿地に寝起きしていると、腰痛を病んだり半身不随で死んだりするが、鰌《どじょう》はそうはならない。樹上に住むとすれば、びくびくと恐れぶるぶると震えるが、猨猴《さる》はそうはならない。この三者の内、どれが正しい処を知っているのだろうか。人は牛肉・豚肉を食べ、麋《おおしか》・鹿は甘草《あまくさ》を食い、蝍且《むかで》は蛇をうまいと言い、鴟《とび》・鴉《からす》は鼠を好む。この四者の、どれが正しい味を知っているのだろうか。猨《さる》の雌は猵狙《いぬざる》の雄が追いかけ、麋は鹿と親しく交わり、鰌は魚と遊び戯れる。毛嬙《もうしょう》や麗姫《りき》は、人が誰しも美しいと思うところである。しかし、彼女らを目にするや、魚は水底深く隠れ、鳥は空高く舞い上がり、麋・鹿はさっと逃げ出してしまう。この四者の、どれが天下の正しい美を知っているのだろうか。

（同、一八九頁。一部改変）

誰もが一致してすばらしいと思う共通の価値はどこにもないにもかかわらず、わたしたちはあたかも自らの基準が「正しい」ものであるかのように誤解してしまっています。しかし、この誤解を克服することはできるでしょうか。

荘子によれば「至人《しじん》」、すなわち最高の境地に至った最高の人格だけにそれが可能です。なぜなら至人は「たとえ大きな藪澤《そうたく》が焼けても」熱いとは思わず、「黄河・漢水といった大河が凍りつく気候でも」寒いとは思わず、「烈しい雷が山を打ち砕き、大風が海を揺るがす事態」にも驚くことがないからです（同、一九〇頁）。つまり、地球の歴史に生じてきた激烈な環境の変化のすべてをあるがままに苦痛なく受け入れていくことこそが至人のすごみです。しかし、限りある生命としてこの世に生きているわたしたちに、それはいかにして可能になるでしょうか。

荘子はまた、物と物の間には自然の区別があるということを強調しつつ、それらの区別は移ろいながら調和すると述べています。

天倪（自然の区分）において調和するとはどういうことだろうか。あらゆるものには「是」もあれば「不是」もあるし、「然」もあれば「不然」もある。「是」が果たして本当に「是」であるなら、「不是」とは違いがあるのだから、弁論するには及ばない。「然」が本当に「然」であるなら、「不然」とは違いがあるのだから、弁論するには及ばない。生死や年齢のことなど忘れてしまい、是非や仁義のことも忘れてしまい、終わることのない境涯に遊ぶのだ。

（『荘子今注今譯』上冊、陳鼓應訳注、北京：中華書局、一九八三年、九〇頁）

ものごとには違いがあります。違いがはっきりしていれば議論する必要はありません。しかし、違いが明確に固定されているわけではないのです。自然界において異なるものごと相互の区分はつねに移ろいゆくものであり、その変化が尽きることはありません。だからこそ、変化に身をまかせることによって調和が果たされるのだと荘子は主張しています。すべては生成変化のプロセスのさなかでドラスチックに何か別のものへと移り変わっていきます。こうした生成変化のメカニズムのことを、「斉物論」では「物化」と呼びます。天籟とは、この物化を下支えしている見えない作用であると言うべきでしょう。

天籟の世界は、人間の知を超えたものです。斉物論は天籟を語る南郭子綦のようすを「我を喪う」と表しています。わたしは「我を喪う」とはすなわち、人間の主体的な認知作用によって映ずる「意味のある差異」の体系をいったんカッコに入れることだと解釈します。地籟の響きは人間存在の時間的限界をはるかに超えて永劫に続きます。天籟とはそのような生成変化と物化の世界を永続させる作用にほかなりません。人類はその世界の一員としてある特定の時間にのみ存在しています。

空気の公共性

空気の価値化とは、本来分割できないはずの空気を言語によって分節化することを通じて世界の総体的なバランスを回復しようという努力のあらわれの一つであるということができます。空気を分割するとは、空気のある部分を切り出して認知可能な（可視的な）対象として取り出すということです。

空気に似た例である水はすでにそうして価値化されています。地表にあるすべての水（この中には氷や水蒸気も含まれます）が一様に価値化されているのではなく、水道水やミネラルウォーターのように、人為的な区分のもとで採取され、管理されたごく一部の水に価値が賦与されているのです。一方、こうした有価値の水が使用され、下水として処理される場合に発生するコストにも価格が伴います。この場合は水そのものの価値ではなく、水環境を保全する施設という社会的共通資本に対して価値づけが行われていると言えるでしょう。

空気の場合はどうでしょう。空調（空気清浄機を含む）によって調整されることによって、空調空間内の空気には価値が賦与されていると言えそうです。機械の購入代や修理代に加え、その運転にかかる燃料代も、そのまま実質的には、特定の空間において提供される空気の質への対価として支払われていると考えてよいでしょう。ただし、空調空間から排出される使用済み空気はふつう何も処理されていませんので、この点は水とは違っています。

空気も貨幣価値に換算される以上、快適な空気を享受する能力は人びとの経済力によって異なります。ニューヨークタイムズの記者がニューヨーク市を対象に調査した結果は、空気の価値化がもたらす現実を垣間見せてくれます（"It's Going to Be a Hot Summer. It Will Be Hotter if You're Not Rich." https://www.nytimes.com/2022/05/28/nyregion/heat-waves-climate-change-inequality.html）。記事は、貧しい人ほど夏の暑さを逃れる術を欠いていることを如実に描き出します。貧困地域では住居にエアコンを設置していない人の割合が高いだけではなく、街道緑化も滞り、エアコンがなく熱がこもるばかりの住居から外に出ても、涼むどころかコンクリート地面からの輻射熱を浴びるがままに任せなければなりません。プールや図書館、地下鉄など、涼を取ることのできる公共施設には本来誰もが平等にアクセスできるはずですが、そもそもそれらは数も空間も限られており、ニーズに応じきれません。富裕層は家にエアコンがあるだけではなく、自家用車を使って郊外へ避暑に行くだけの能力を持っているので、そのような施設への依存度も低くなります。こうして、構造的な経済格差は、年々ひどくなるばかりの熱波に対する人びとの耐久力の格差を規定しており、毎年高温が原因でなくなる人の半数は黒人であると記事は主張しています。

これはあくまでも一つの都市に関するサーベイにすぎませんが、毎年顕著になる気温の上昇によって生命の危険にさらされる人とそうでない人のちがいが経済的な格差によるものであることは地球レベルで見た場合によりはっきりするはずです。したがって、わたしたちがまず始めに考えなければならないのは、環境危機によって命を落とす人がこの世界には無数におり、それらの人びとの多くは、経済的な能力が総体的に劣る貧困地域の人びとだという現実です。今後も大気温度の上昇が続くことが見こまれている今日においてとりわけ重要なのは、全人類が平等に生命を維持するために必要な空気を享受することです。

「空気の民主化」に向けて

気候危機は複合的なので、取り得べき対策は多岐にわたりますが、こと空調という技術に関する限り、最も喫緊の課題は、冷えた空気をより多くの人に届け、熱波によって命を落とす人をできる限り少なくすることでしょう。空調がないために死んでしまうような脆弱な環境で暮らす人びとに向けてより多くのエアコンを供給することは、きわめて重要な課題なのです（場所によっては極端な低温が問題化する場合もあるでしょうから、そういうところでは温める技術も必要です）。その際、エアコンの使用自体が、権力と権利の偏った分布を伴っているという現実に向き合う必要があります。偏りを克服するために生命と健康を維持する道具としての空調を当該地域に普及させることを「空気の民主化」とわたしは呼びます。以下では、同じニューヨークタイムズから別の記事を取り上げて、この問題について考えてみたいと思います。それは、二〇二二年にカタールで行われたワールドカップにおけるスタジアム空調に関する記事です（"Are Qatar's World Cup Stadiums the Future of Sports in a Warming World?" https://www.nytimes.com/2022/12/13/sports/soccer/qatar-world-cup-stadiums-air-conditioning.html?smid=nytcore-ios-share&referringSource=articleShare）。

世界で最も暑い大都市の一つと言われるカタールのドーハでサッカーの世界大会を開くためには、スタジアム自体を冷やす必要がありました。一方、ＦＩＦＡ（国際サッカー連盟）は、カタール・ワールドカップにおいては実質的なカーボン・ニュートラルを実現できると公言していました。比較的涼しい開催期間中であっても摂氏三〇度前後で、最も暑いときには四三度から四五度ぐらいにもなろうという高温都市における九万人収容可能な屋外競技場の温度を、極力炭素排出量を低く保ちながら下げていくことは確かに大きな挑戦です。太陽光発電を使って夜間に冷やした水を使って冷風を送りこむというのが採用されたメカニズムでした。開発に携わったカタール大学の「ミスター・クール」ことサウド・ガニ（Saud Ghani）氏は、開催期間中のみならず、長期にわたって機能するようなシステムの確立を目指しました。年を追って気温が上昇し続ける地球上で将来にわたってワールドカップやオリンピックを始めとする屋外イベントを続けて開催されるためにそれが必要な技術だからです。

今回のワールドカップは、アラブ地域で開催されたこととモロッコチームの活躍によって、アフリカやアジアの存在を大いに知らしめました。このことは、二一世紀の世界の趨勢を象徴しているようです。すなわち、言説や経済の重心が北半球中高緯度地域から南に遷移し、かつての旧植民地や発展途上地域が本格に成長するであろうことを予感させるものでした。そして、わたしたち人類が総体として平和と繁栄を享受することを本気で目標とするなら、この転換を促進することは不可欠のアジェンダであるはずです。

二〇一五年のパリ協定は、二〇五〇年までにカーボン・ニュートラルを実現することを目標に掲げました。そのころ人類の総人口は一〇〇億人近くになると言われています。おりしも二〇五〇年はサッカーのワールドカップが開催される年でもあります。わたしたち人類が、大規模な世界戦争を起こすことも、複合的な自然災害が全地球的に壊滅的なダメージをもたらすこともないままで、近代的世界秩序を大きく変えるような文明の転換を進めていくことができたなら、二〇五〇年には、グローバル・サウスの国々がワールドカップの中心で活躍できているはずです。そしてそれこそは、「空気の民主化」の大いなる目標です。

ガニ氏の挑戦は、こうしてグローバル・サウスの文脈に置かれることによって特別な意味を持つことになります。より貧しい人たちの生活が今以上に脅かされるであろう趨勢のなかで、いかにして生命を維持するに足る適温の空気をより多くの人に届けていくのか。個人の家庭だけではなく、公共施設がじゅうぶんな空調設備をもち、なおかつ貧しい人たちにとっても実質的にアクセス可能なものになる必要がありますし、都市やその近傍における屋外環境の冷却化のために、例えば街路樹や公園を整備すること、コンクリートやアスファルトではない、より涼しい材料で地表を覆うことなど、公共インフラを広範囲に整備していく必要があるでしょう。つまり、安全な空気を一部の特権的な人の独占から解放する「空気の民主化」が地球上の至るところで実現されなければなりません。

再び価値について

「空気の民主化」は、電気エネルギーに頼る文明のあり方そのものを変えることを同時に人類に迫っています。そのためには究極のところわたしたちが組みこまれてしまっている差異の体系を組み替えることが必要であると思われます。

あらゆるモノの価値には人間の行為が反映されています。それはモノがこれまでどのように扱われてきたかを示すものであるとデヴィッド・グレーバーは言います。実際には、過去にどのように扱われてきたかだけではなく、潜在的にどのように使われうるのかが価値の源泉になる場合も多いと思われますが、いずれにせよ、モノが価値を有しているという場合には、それがどのような行為を導くかに関して予測が成り立っていることが必要です。このことについて、グレーバーは、「見る者はつねに、その奥の方に、さらになにかがあることに、ぼんやりと気づいている」と述べています（前掲グレーバー『価値論』、一七四頁）。したがって、何かのモノがモノとして視覚的に立ち現れてくる、つまり、価値を有するのだと認知されることは、わたしたちがそこに向かって何らかの行為をするための出発点となりますし、その出発点は、言い換えれば、その「モノに現在の形式を与えることになった過去の欲望や意志の歴史の存在を認めるというだけではなく、まさにその認識それ自体によってその歴史が新たに活性化され、自分自身の欲望と願いと意志とをつうじて延長するということをも認める」ことになるのだとグレーバーは言います（同、一八八頁）。価値化されることは、貨幣によって交換可能な商品としてモノがその個性を失うことでも、ただ単にそこに可視化されている限りの用途を数値化しているわけでもないのです。むしろモノの背後にあるストーリーをわたしたちは見えないところに見出しているのであり、この点について、グレーバーは「魂」ということばを用いることを躊躇してはいません（同、一六二頁）。

問題はしたがって、その先にあります。すなわち、価値あるモノに対する欲望を表現する力の問題です。この欲望が成就されるためには交換が必要となり、それを可能とするのは貨幣にほかなりません。貨幣それ自体は何者でもない、「目に見えない力」であるにも関わらず、「他のさまざまなモノに姿を変える能力」を潜在的に保有しています（同、一八七頁）。だからこそ、人は貨幣を蓄蔵します。

「硬貨」は、一時的に循環から外されたときにのみ厳密な意味での「貨幣」になる。つまり、誰かの行為の直接の対象ではなく、行為のためのある種の普遍的な潜在力を表すときにそれは「貨幣」となるのである。それを保持し続けることによって、蓄蔵者は、なんでも買うことのできる力を温存するのである。（同、一六六頁）

グレーバーの議論に依拠する限り、問題の所在は、価値化そのものにないことはもちろんのこと、貨幣自体にも必ずしも存していないということがわかってきます。問題はむしろ資本主義的な交換様式に存在しており、しかも、そこで最も悩ましい問題は、貨幣の潜在的能力故に必然的に生じる貧富の格差です。したがって、今日の経済社会システムにおいては必要な再分配が適切に行われないことにこそ問題の根源が潜んでいるとわたしは考えます。だからこそ、グローバル・サウスへの重心の転換には極めて大きな意義があるわけですし、これによって帝国主義的なグローバル資本主義システムの弊害がようやく是正される可能性を得始めたという期待がもてるのです。もっとも、これは過大な期待かもしれません。なぜなら、グローバル・サウスの発展もまた、これまでの資本主義システムの主要プレイヤーが西洋から彼らへと変わろうとしているだけなのかもしれませんから。いわゆる権威主義型の政権がグローバル・サウスで広く見られるのは、その証左であろうと思われます。しかし、それを単に民主主義の後退現象であると見るだけではなく、その先にどのような新しい価値体系が生み出され、新たな世界秩序を構成していくのかについて、原理的に思考する必要があります。この点を見誤ってしまうと、グローバル・サウスとグローバル・ノースの対立が尖鋭化する結果を招くことにもなりかねず、そうなれば二〇五〇年のワールドカップを人類が共同で楽しむことはできないでしょう。カーボン・ニュートラルの達成のためには、「空気の政治」を世界的な「空気の民主化」の方向に向けて強力に推し進めていくほかないだろうとわたしは思います。

至人的空間の創出──産学連携による責任と希望の学問へ

では「空気の政治」はいかにして赤裸々な暴力的対立を避けながら、人間らしく「空気の民主化」を進めていけるでしょうか。そこでだいじなのは学問にほかならないというのがわたしの結論です。大きなカタストロフィの到来をひしひしと感じつつ、それでもなお希望を見い出し続けることこそ、学問の態度であり、それが可能なのは、学問においてこそわたしたちは至人として振る舞うことができるからだとわたしは思います。

世界のカタストロフィのさなかにあって、なぜ至人は苦痛を感じることなく超然としていられるのでしょうか。それは、世の中にある是と不是の終わりなき連環を無きものにしてしまうのではなく、それらの運動そのものを楽しむからです。一方で「是」（正しい）とか「然」（その通りである）であると思われていることが、他方からは「不是」、「不然」だと思われるという対立はわたしたちの日常経験の中で当たり前に存在しています。しかし、いずれの場合も、自らの立場と価値観において判断しているだけであって、本当にどちらが正しいのかを決する根拠は多くの場合存在していません。資本主義をやめるべきだという立場もあれば、資本主義を進めるほかに解決策はないのだという立場もあります。そのどちらが正しいのかを決するための材料はわたしたちに与えられていません。むしろ、客観的に見ればそのどちらにもそれなりに説得力があるはずです。したがって、わたしたちがやるべきことは、なにがしかの立場に加担して評価を下すことではなく、根源的に中立的であることによって、論争の連環を保ちながら、双方が共に生成変化していくことを促すことにほかなりません。

　これまで大学は象牙の塔として内部に自足することを通じて社会の良心たろうと努めてきました。それはまちがった理想ではなかったはずです。しかし、社会からある意味では隔絶した環境の中で研究が進められてきた結果、社会が大学に期待している価値は、本来大学が果たすべき役割からは遠ざかってしまったとわたしは思います。その結果、いま大学の中で考えられていることは、社会的有用性（これは往々にして何らかの「是」や「然」の立場に加担することによって測られます）に資することか、その対極にある無用性に対する居直りかのどちらかになってしまっています。しかし本来、大学は是と不是の連環を活性化し、社会の生成変化を促していくためにこそ、根源的に中立的な場として機能するべきです。そうした場においてこそ、カタストロフィを含むあらゆる可能性が無条件に言説化されるでしょう。すなわち、至人とは架空の超絶的な人格のことではなく、わたしたちが学問の名において大学で行為する知的活動の本質を指すものにほかなりません。

　人類未曾有の危機に対処するためには、社会のすべての個人や団体が例外なくステイクホルダーとなって協力するほかありません。大学と企業の連携の意味はそこにこそあります。すなわち、企業と大学の協力は単に大学の財政問題を解決するとか、企業の商品開発やイノベーションに大学が参画するというレベルに留まるべきものではありません。資本主義には問題がありますが、大学がその問題から自由であるはずはなく、企業だけがその問題の責を担っているわけでもありません。資本主義はいまわたしたち人類がこうして生命を維持し、幸福を享受するための基礎条件になっています。しかし一方で資本主義の弊害がわたしたちに危機をもたらしていることもまた事実です。そうであればこそ、わたしたちは、根源的に中立的な場をもつことによって、そこで一切の条件を排した思考と議論を積み重ねる必要があります。

したがって、この学術フロンティア講義の場とは、わたしたちがみな「至人」となって未来の希望について真剣に思いをめぐらせる場にほかなりません。「空気はいかに価値化されるべきか」という問いは、わたしたち人類が三〇年後の世界に向かって、カタストロフィを避けながら、平和の内に生活を享受するために最も重要な課題です。一〇〇億人が皆、命を守るにじゅうぶんな空気を享受できる世界を構築すること、これがわたしたちが二〇五〇年を平和裡に迎えるための必須条件なのです。

読書案内

読者の皆さんにはこれをきっかけにして中国哲学に関心を持っていただけるとたいへんうれしいです。本講が取り上げた『荘子』に関しては、中島隆博『荘子の哲学』(講談社、二〇二二年)が最新であるだけでなく物化を中心テーマに据えていてすばらしいです。古いものでは福永光司『荘子――古代中国の実存主義』(中央公論社、一九六四年)は特に若い方に読んでいただきたい一冊です。中国哲学には独自の自然観を宇宙大のスケールで思考してきた伝統があります。近代の諸条件のもとで伝統の宇宙観を近代的に再構成しようとしてきた中国の哲学者たちの模索を整理した最近の作品として、王中江『自然と人――近代中国における二つの思想の系譜の探究』(馬場公彦監訳、葛奇蹊・佐藤由隆訳、三元社、二〇二三年)を挙げておきます。『荘子』の有名な寓言にちなんだ「混沌」を書名に冠する山田慶児『混沌の海へ――中国的思考の構造』（朝日新聞社、一九八二年）もそうしたスケールの大きな宇宙論をベースにした論考です。『荘子』以外に古典を挙げるなら、『淮南子』です。池田知久氏の訳として『訳注　淮南子』（講談社、二〇一二年）があります。ユク・ホイ『中国における技術への問い』（伊勢康平訳、ゲンロン、二〇二二年）は、プラネタリーな危機の前で中国古代の技術哲学の可能性を論じようとした野心的な作品です。

なお、西洋哲学においても古代中国哲学と相通じるような空気の哲学が豊かに行われていたことは、納富信留『ギリシア哲学史』（筑摩書房、二〇二一年）が教えてくれます。その他、貨幣の「力」に関して、柄谷行人『力と交換様式』（岩波書店、二〇二二年）はグレーバーと同様の文化人類学的視座から論じているだけでなく、わたしたちの未来を希望に変えるためにも必読です。

空気はいかに「価値化」されるべきか
「かけがえのなさ」の哲学　東大リベラルアーツ講義

2025年 2月14日　初　版

［検印廃止］

編　者　東京大学東アジア藝文書院《げいもんしょいん》

発行所　一般財団法人　東京大学出版会

代表者　中島隆博

153-0041　東京都目黒区駒場4-5-29
https://www.utp.or.jp/
電話　03-6407-1069　Fax 03-6407-1991
振替　00160-6-59964

組　版　有限会社プログレス
印刷所　株式会社ヒライ
製本所　誠製本株式会社

© 2025 East Asian Academy for New Liberal Arts, the University of Tokyo
ISBN 978-4-13-063384-0　Printed in Japan

JCOPY 〈出版者著作権管理機構 委託出版物〉
本書の無断複写は著作権法上での例外を除き禁じられています．複写される場合は，そのつど事前に，出版者著作権管理機構（電話 03-5244-5088，FAX 03-5244-5089，e-mail: info@jcopy.or.jp）の許諾を得てください．